U0158964

变电一次设备事故案例分析与处理

主编 ◎ 杨红权　刘彦琴　刘鑫　刘君

西南交通大学出版社

·成　都·

图书在版编目（ＣＩＰ）数据

变电一次设备事故案例分析与处理 / 杨红权等主编
. 一成都：西南交通大学出版社，2021.4
ISBN 978-7-5643-8013-7

Ⅰ. ①变… Ⅱ. ①杨… Ⅲ. ①变电所 – 电气设备 – 事
故分析 Ⅳ. ①TM63

中国版本图书馆 CIP 数据核字（2021）第 068053 号

Biandian Yici Shebei Shigu Anli Fenxi yu Chuli
变电一次设备事故案例分析与处理

主　编／杨红权　刘彦琴　刘鑫　刘君　　　　　责任编辑／李芳芳
　　　　　　　　　　　　　　　　　　　　　　封面设计／何东琳设计工作室

西南交通大学出版社出版发行
（四川省成都市金牛区二环路北一段 111 号西南交通大学创新大厦 21 楼　610031）
发行部电话：028-87600564　028-87600533
网址：http://www.xnjdcbs.com
印刷：四川森林印务有限责任公司

成品尺寸　185 mm × 260 mm
印张　10.25　　字数　282 千
版次　2021 年 4 月第 1 版　　印次　2021 年 4 月第 1 次

书号　ISBN 978-7-5643-8013-7
定价　58.00 元

编 委 会

随着国民经济的持续增长，全社会用电量屡创新高，电网规模也在迅速扩大。为了保障电网安全，不断满足人民日益增长的美好生活的需要，用户对电网设备的性能及可靠性提出了更高的要求。变电一次设备作为发—输—变—配—用中的关键一环，起着电压变换、分配及负荷控制的重要作用，其发生故障时会严重影响系统正常运转，甚至会导致大面积停电。变电一次设备运行可靠与否直接影响到供电安全及稳定与否。检修部门作为管理变电设备的核心部门，其专业技术技能水平很大程度上决定了变电设备的健康状态及精益管理水平。然而各地区检修部门水平不一，经验互通性不足。为此，梳理缺陷、总结经验、形成典型案例材料显得尤为重要，一方面可作为不同地区检修专业交流提升的重要手段，另一方面也可作为检修专业技术技能经验传承的重要载体。

本书是作者团队对部门多年来处理的变压器、GIS、断路器、互感器等设备故障及缺陷进行的梳理和总结，共精选出了24例，包括主变压器故障及缺陷6例、GIS故障及缺陷4例、断路器故障及缺陷4例、互感器故障及缺陷3例以及带电检测类型缺陷7例，类型涵盖电气、机械等故障及缺陷。

本书对各案例从故障概况、分析处理及原因分析三个维度进行了阐述及闭环总结，尤其是分析处理环节，对不同类型缺陷运用了行之有效的处理方法，具有极高的参考及借鉴意义。本书可供电力系统专业技术人员和生产管理人员参考学习，以提高设备运维水平，提升系统安全运行水平。

由于编者水平有限，书中难免存在疏漏和不妥之处，敬请广大读者批评、指正。

作 者
2021年4月

目 录 CONTENTS

4

5

第1章　变压器典型案例分析与处理

电力变压器是电力系统的重要设备，对于电网安全可靠运行具有重要意义。电气试验是及时发现变压器潜伏性隐患、避免突发事故发生的重要手段。下面介绍变电站内几起变压器典型故障的发生、发展及处理过程。

1.1　有载分接开关故障导致 110 kV 主变压器事故原因分析

有载调压方式由于其可以带载调压的优势，在 110 kV 及以上电压等级的变压器中得到了广泛应用。有载分接开关是有载调压变压器中最重要的组成部分之一，它能够在负荷电流不中断的前提下，实现变压器挡位的调整，具有良好的灭弧性能，根据变化的负载实时动态调压，保证输出电压的稳定。但是在使用过程中，可能存在由于制造工艺不良、传动机构电机选择不合理及频繁调压使用等因素，极易引起有载分接开关发生各种故障，从而影响变电站核心设备的运行。

1.1.1　事故经过概况

某 110 kV 变电站事故前的一次设备电气接线图如图 1-1 所示，该站 110 kV 电压等级母线为内桥式接线，且 2 台主变压器（后简称主变）仅有单进线，即由 181 开关（182 间隔为备用间隔）供 110 kV Ⅰ 母线（后简称母）及 1 号主变，并经 110 kV 内桥 130 开关供 110 kV Ⅱ 母线，110 kV Ⅰ、Ⅱ 段母线处于并列运行状态；10 kV Ⅰ、Ⅱ 段母线处于分列运行状态，即事故前 930 为分闸位置。

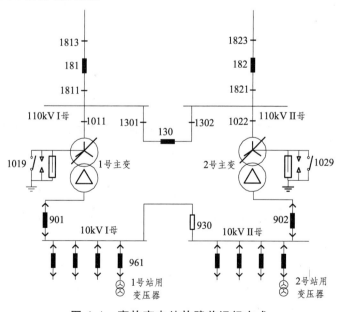

图 1-1　事故变电站故障前运行方式

某日，该变电站 1 号变压器有载分接开关由第 6 挡调至第 5 挡过程中，1 号主变压器本体重瓦斯动作，跳开 110 kV 侧 181、母联 130 开关和 1 号主变 10 kV 侧 901 开关，造成整个变电站停电失压。

1.1.2　现场检查和试验情况

该事故变压器型号为 SFZ10-50000/110，额定容量为 50 MV·A。事故后，二次、检修、化学、高压专业工作人员现场开展了全面检查及诊断试验工作。

1．保护及录波情况

结合非电量保护装置、监控后台、故障录波器等装置报告，得到事故信息：1 号主变压器动作跳闸前，保护装置未见启动，且其余所有保护均未动作，保护电压未见明显降低，故排除 1 号主变压器外部故障的可能，结合本体重瓦斯跳闸，可判定其内部存在故障。

2．现场检查情况

检修人员到现场发现事故主变外观无异常，本体瓦斯继电器内部无气体，主变各处均无放电及渗漏油痕迹且油位正常，现场传动调试瓦斯信号正确。检查有载挡位，发现其停在 5、6 挡之间，而监控后台信息显示，事故前一晚 21:45 主变从 7 挡调至 6 挡，事故当天早上 1 号主变跳闸时正在从 6 挡调至 5 挡。检修人员现场通过手动调挡方式检查挡位圈数，从 6 挡往 5 挡方向进行调挡，发现机构传动轴转过 11 圈后分接开关选合，再转动 7 圈指示盘刻度指示 5 挡到位。该有载分接开关的正常选择及切换顺序为 12±1 圈选分、24±1 圈选合、27—28 圈切换、33 圈到位。由此分析选择开关在选分刚刚结束时因失去操作电源而停止，此时选择开关圈数如图 1-2 所示。

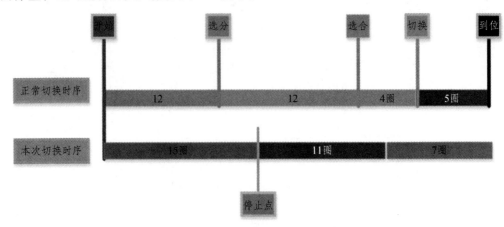

图 1-2　有载分接开关正常切换与本次事故异常切换示意图

3．油色谱试验分析

分析事故变压器油中溶解的故障特征气体的体积分数，如氢气（H_2）、乙炔（C_2H_2）、一氧化碳（CO）、二氧化碳（CO_2）、甲烷（CH_4）等，是判断变压器绝缘缺陷最有效的方法之一。对本事故变压器中部（靠油枕侧）及下部（靠有载侧）两个取样口进行取样，油色谱试验结果如表 1-1 所示。

表 1-1　事故变压器油色谱分析数据

部位	组分 /（μL/L）							
	H_2	CO	CO_2	CH_4	C_2H_4	C_2H_6	C_2H_2	总烃
中部	28.1	162.1	1 394.9	5.8	3.6	0.4	12.7	22.5
下部	611.9	172.2	1 279.4	172.9	276.8	13.5	665.4	1 128.7

由表 1-1 可以看出，下部油样特征气体含量远大于中部油样特征气体含量。而根据《变压器油中溶解气体分析和判断导则》（GB/T 7252—2001）规定，运行中的 110 kV 电压等级变压器油化试验结果中总烃、乙炔和氢气体积分数分别不得超过 150 μL/L、5 μL/L 和 150 μL/L。对照表 1-1 数据可知事故变压器下部油样此 3 种气体体积分数含量超注意值，三比值编码为 102，初步判断存在放电故障，且放电位置位于事故变压器下部。

4．电气试验分析

事故后，电气试验人员现场展开高压诊断试验，事故变压器短路阻抗、绕组变形、主体绝缘、低电压空载试验结果均在合格范围之内，在此不予赘述，而高压侧绕组直流电阻数据超标，结果如表 1-2 所示。

表 1-2　事故变压器绕组直流电阻试验结果

分接位置		AO/Ω	BO/Ω	CO/Ω	相间不平衡度/%
高压线圈	1	0.494 4	0.498 2	0.497 1	0.77
	2	0.482 4	0.485 2	0.597 8	22.12
	3	0.480 9	0.484 6	0.483 8	0.77
	4	0.468 7	0.471 5	0.582 8	22.48
	5	0.467 3	0.470 9	0.470 1	0.77
	6	0.470 3	0.472 4	0.607 8	26.60
	7	0.455 8	0.457 0	0.458 3	0.55
	8	0.456 4	0.459 6	0.608 7	29.97
	9a	0.439 3	0.442 2	0.441 6	0.66
	9b	0.441 5	0.444 1	0.590 3	30.25
	9c	0.439 2	0.442 1	0.441 5	0.66
	10	0.441 3	0.443 6	0.589 0	30.06
	11	0.454 5	0.457 7	0.456 9	0.70
	12	0.455 8	0.458 3	0.587 9	26.38
	13	0.468 4	0.471 3	0.471 2	0.62
	14	0.469 1	0.472 1	0.613 2	27.81
	15	0.481 9	0.484 9	0.484 5	0.62
	16	0.483 0	0.485 6	0.621 3	26.10
	17	0.495 3	0.498 7	0.497 7	0.68
低压线圈	ab/Ω		bc/Ω	ca/Ω	线间不平衡度/%
	0.006 215		0.006 201	0.006 228	0.43

《输变电设备状态检修试验规程》（DL/T 393—2010）规定，1.6 MV·A 以上变压器，各相绕组电阻相间互差不大于 2%（警示值）；无中性点引出的绕组，线间互差不大于 1%（注意值）。而由表 1-2 可以看出：

（1）在单数挡时，相差均在 1% 以下，试验结果合格；

（2）在双数挡时，C 相直阻比 A、B 相结果高 100 mΩ 以上，相差均在 20% 以上，试验结果不合格。

同时，在直阻试验过程中，手动操作换挡时发现切换开关不动作，结果如表 1-3 所示，怀疑可能是由于有载分接开关中切换开关单／双切换存在问题。

表 1-3　切换开关切换时间及动作顺序

动作顺序	切换时间（以手柄转动圈数计算）			
	2→3	3→4	4→3	3→2
选　分	11.0	11.5	11.0	11.0
选　合	22.5	22.0	22.5	22.0
切　换	不动作	不动作	不动作	不动作
到　位	33	33	33	33

备注："不动作"指切换开关没有动作时"啪"的一声响。

5．初步判断结论

根据上述分析过程，初步判断该变压器事故系有载分接开关异常导致，且故障位于有载分接开关的切换机构部分，从而使得导电回路双数挡直阻异常，且有载分接开关内部存在拉弧放电，使得油样特征气体含量远超标准规定数值，设备已无法安全可靠运行，故障具体情况和原因分析需将分接开关吊芯检查，而判断变压器本体内部存在故障与否，需开展吊罩检查。

1.1.3　有载吊芯和本体吊罩检查

对该事故变压器进行进一步返厂诊断维修，进行相关检查，具体情况如下：

（1）切换开关：发现切换开关绝缘筒连接处内侧均压环由于螺栓松动脱落至枪机处，造成枪机滑块卡涩，无法切换；同时在切换开关桶底发现外侧均压环及螺帽落至桶底。圆形框内为均压环实际位置，方框内为均压环安装位置，如图 1-3 所示。

（2）选择开关：在选择开关 7 挡 A、B、C 三相动、静触头处均有明显的拉弧痕迹，其中 C 相尤其严重，如图 1-4 所示。

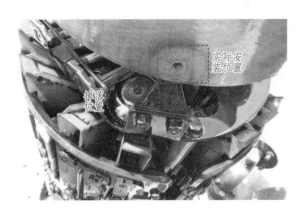

图 1-3　事故变压器切换开关枪机卡涩图

图 1-4　选择开关触头烧蚀图

接下来对事故变压器本体进行吊罩检查，本体内部其他组件未见异常，并对本体绕组单独进行了回路电阻测试，试验结果在合格范围内，同时根据录波显示电流无明显变化，说明本体绕组并未受到影响。

1.1.4　事故过程及原因分析

通过返回厂家后的一系列检查和分析后，确认了本次事故系该变压器有载分接开关故障导致。分析试验和检查结果，对本次事故过程推演如下。

在 4 月 13 日 21:45 由 7 至 6 调挡时，切换开关因均压环卡住枪机下滑块，未能由双切换到单，虽然挡位盘已显示为 6 挡，但电气上仍然通过选择开关的 7 挡及切换开关的单极导流，如图 1-5 所示。

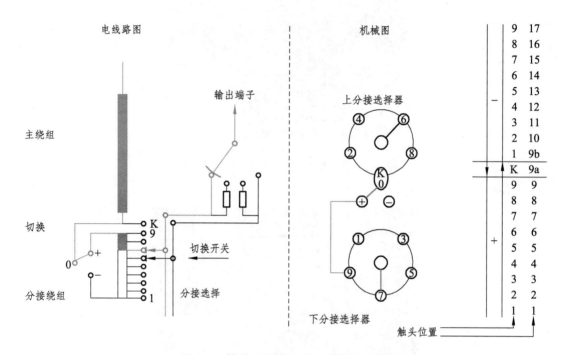

图 1-5   故障时有载开关工作状态示意

当由 6 挡向 5 挡切换时，首先选择开关单数动触头由 7 向 5 转动，到达选分位置时因切换开关卡在单数极不能切换，故选择开关带负荷电流拉开，导致拉弧放电，从而产生油流冲动本体重瓦斯压板导致跳闸。

造成此次事故的原因如下：

（1）有载分接开关螺栓松动是造成本次事故的直接原因。事故有载开关现场检查发现，该脱落的紧固螺栓仅有一侧加装了用于防松的碟形弹簧垫，因此，其预紧力明显低于其他两侧加装碟形弹簧垫的螺栓，使其成为薄弱环节。在有载开关频繁调压振动的激励下，螺栓的预紧力突破临界点，迅速松动最终脱落。根据相关文献对振动状态下螺栓松动行为的研究，一旦螺栓摩擦力矩不足以克服振动产生的松弛力矩后，螺栓的预紧力将会在很短时间急剧下降，从而解释了有载切换开关在吊芯检查后短期内出现该事故的原因。

（2）有载开关检修工艺执行不到位。根据《变压器分接开关运行维修导则》（DL/T 574—2010）要求，有载分接开关芯体吊芯检查应检查所有的紧固件是否松动，尤其是 3 块弧形板上的紧固件是否松动。

在实际工作开展中，存在以下几点困难：

（1）由于有载芯体结构上的限制，在不解体的情况下大部分紧固件无法使用工具进行紧固，仅进行外观检查并用手触碰的方式检查松动情况。该作业方式无法达到规程及有载开关厂家说明书要求的检修工艺，为本次事故的发生埋下了隐患。

（2）有载检修工序存在漏洞，比如工艺卡中对于绝缘衬筒的完好性检查仅检查绝缘性，并未明确要求对支撑螺栓的紧固性进行检查。

（3）不同的有载分接开关厂家对于有载分接开关吊检时的检查方法要求也不尽相同，比如 ABB 厂家就禁止检修人员紧固触头螺栓，因为每个螺栓上都有螺纹胶，如果维护中再次紧固螺纹胶即失效。贵州长征厂家的有载分接开关的触头螺栓紧固也要求专业人士（厂家专业人员或经厂家培训合格的检修人员）进行紧固，然后重新做标记。

（4）根据贵州长征有载分接开关使用说明书中要求，切换开关油箱内变压器油每年必须更换新油，有载开关大修周期为 5 年或 5 万次操作，但目前无法满足检修周期。

1.2 主变压器局部放电异常的分析与处理

1.2.1 局部放电缺陷检测过程

2017 年 12 月 11 日，某 110 kV 变电站 1 号主变压器进行了大修处理，大修后按照试验规程需要对其进行验收试验。在进行局放验收试验时，采用的是传统的检测阻抗法，即从主变低压侧施加电压，高压侧感应出所需试验电压，从高压绕组套管末屏加检测阻抗获取局放信号，具体的试验接线以及加压曲线见图 1-6，U_m 为设备最高工作电压 126 kV，记录局放起始电压与熄灭电压，并对比激发后 $U_1 = 1.5U_m/\sqrt{3}$ 下的局放量与波形特征差异。以中性点为支撑，分别从高压 A、B、C 相套管末屏检测局放信号，检测结果见表 1-4 和图 1-7。从表 1-4 和图 1-7 可以看出，现场电磁背景噪声在 50 pC 左右，将主变挡位调为 1 挡（带调压线圈）时，高压 A、C 两相检测到放电量分别为 65、70 pC，并且在整个加压过程中，波形同背景噪声类似，无明显放电脉冲。但是，在高压 B 相施加电压时，电压加到 77.8 kV 便开始出现放电脉冲，而且放电量达到了 550 pC，远远高于 A、C 两相以及背景噪声，在李沙育图的一、三象限出现了 1~4 根较陡脉冲，说明高压 B 相附近存在放电缺陷。为了判定放电缺陷是否位于调压线圈，该次试验继续将主变的挡位由 1 挡更换为 9b 挡（额定挡位）进一步进行局放检测。但是挡位更换后，高压 B 相检测到的局放各特征量（起始电压、熄灭电压、局放量与波形特征）均无明显变化，排除了局放缺陷在调压线圈上的可能。

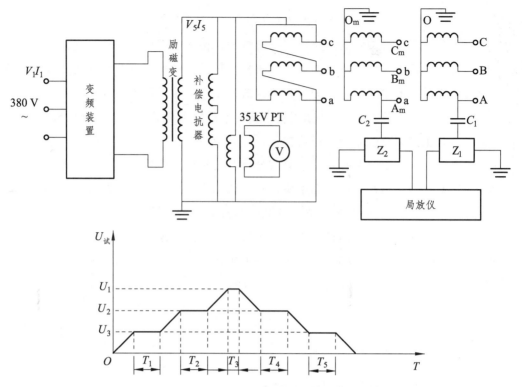

图 1-6　局部放电试验接线图与加压曲线图

表 1-4　三相套管检测的局部放电信号

挡位	相别	起始电压/kV	熄灭电压/kV	局放量峰值/pC
背景	—	—	—	50
1	A	—	—	65
1	B	77.8	72.0	550
1	C	—	—	70
9b（额定挡）	B	76.8	76.1	534

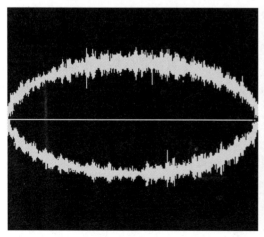

（a）A 相

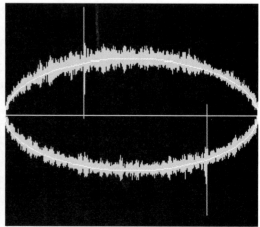

（b）B 相

（c）C 相

图 1-7　三相绕组局部放电图谱

1.2.2　基于声电联合法的缺陷定位

试验已确定 1 号主变存在局部放电缺陷，并且还粗略地确定该缺陷位于高压 B 相附近。为了进一步确定该缺陷在主变中的准确位置，该次试验联合检测阻抗法和超声波法（声电联合法）对其进行精确定位。具体检测原理为：检测阻抗法测得为电信号，信号传播速度为 $c_1 \approx 3 \times 10^8$ m/s，其信号被检测的所用时间可以忽略；而超声波传感器放置于主变的箱体上，放电声音信号通过变压器油介质传到传感器，超声波信号在变压器油中的传播速度 c_2 约 1 400 m/s。因此，放电缺陷离超声波传感器的空间直线距离 Δs 可以通过式 $\Delta s = c_2 \times \Delta t$ 计算得到（Δt 为声电信号之间传输的时间差）。

该次采用声电联合法定位缺陷的具体流程如图 1-8 所示。首先，将检测阻抗获得的电信号和超声波检测的声信号同时接入示波器的两个通道，其中电信号取高压 B 相套管末屏信号，声信号为主变箱体上超声波传感器的信号，箱体分高压侧和低压侧；然后，不断改变超声波传感器在主变箱体上的位置，观察示波器上声电信号之前的时间差，找到两者时间差最小的位置，即为传感器距离缺陷最近的位置。

该次缺陷定位过程中的取点如图 1-8 所示，各测点与缺陷位置定位距离如表 1-5 所示，其中电信号已经过标定，而超声波由于测点位置的不同无法标定，因此其显示数值仅用于不同超声测点之间的相互比较。可以看出，首先对比高压侧（测点①）和低压侧箱体（测点②），可见高压侧脉冲明显、幅值（相对值）较大（4.5），而低压侧测点脉冲不明显、幅值较小（1.5），说明放电位于高压侧；其次，对比高压侧箱体竖直方向测点（测点①、③、④、⑤、⑥），可以看出，竖直方向各点超声信号均出现明显脉冲，且与电信号脉冲相匹配。根据计算，测点④处超声幅值最大（31.7），离放电源的距离最近（0.44 m）；最后比较高压侧箱体水平方向测点（测点④、⑦、⑧），可以看出，同样是测点④处超声幅值最大，离放电源距离最短。因此，综合可以判断差放电源位于 B 相高压侧以测点④为球心、0.44 m 为半径的半球空间内。

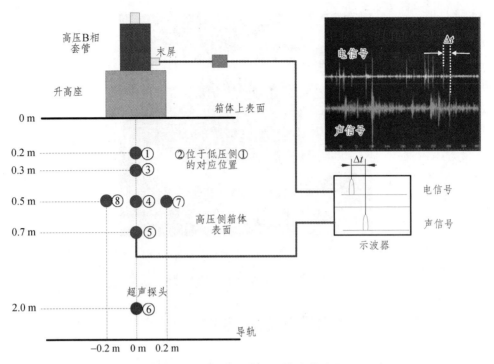

图 1-8 声电联合法定位缺陷的流程

表 1-5 各检测点与放电缺陷的距离

超声传感器位置	超声波幅值（相对值）	声电信号时间差/μs	超声传感器与放电源距离/m
测点 1	4.5	557	0.78
测点 2	1.5	幅值较小，无法定位	幅值较小，无法定位
测点 3	7.9	429	0.60
测点 4	31.7	314	0.44
测点 5	6.4	357	0.50
测点 6	2.6	5 000	7.0
测点 7	7.3	350	0.49
测点 8	6.4	350	0.49

1.2.3 缺陷处理与局放复测

　　根据声电联合法定位结果，判定高压 B 相套管下部距离测点④位置 44 cm 处的箱体内存在放电源。为了确认放电源位置，检修人员将 B 相套管拔出，检查高压引线与均压罩未发现放电痕迹，如图 1-9 所示，但发现应力锥与绝缘纸筒间隙极小，两者几乎已经接触，因此初步确定此次测得局放信号是由于应力锥与绝缘纸筒之间距离太近引起的。因为正常情况下应力锥位于绝缘纸筒的中间位置（见图 1-10），与绝缘纸筒的间隙较大，应力锥中部的高电位与地电位之间有足够的绝缘距离，电场分布均匀；当应力锥偏离中心，靠近绝缘纸筒时［见图 1-11（a）］，应力锥中部的高电位与地电位之间距离缩短，电场发生畸变，应力锥与绝缘纸筒最近的位置电场畸变最大、电场最强，当电场强度超过应力锥与绝缘纸筒间绝缘油的击穿场强时，便发生放电；但应力锥中间的导体与地之间仍然存在纸板与油组成的复合绝缘阻挡，电场强度不足以形成贯穿性通道，这也是该主变通过了耐压试验但局放超标的原因。结合缺陷定位结果分析，经估算应力锥与绝缘纸筒距离最近的位置与之前局放定位的放电源位置基本吻合。使用绝缘杆撬动应力锥，增大应力锥与绝缘纸筒的距离至 2 cm 左右，见图 1-11（b），接着再次对经过处理的缺陷处进行局放复测。缺陷处理后高压 B 相局放量从 550 pC 恢复到 75 pC 的噪声水平，波形中也无明显放电脉冲，说明放电源已经成功消除，也验证了该次局放定位的准确性。

图 1-9　高压引线与均压球

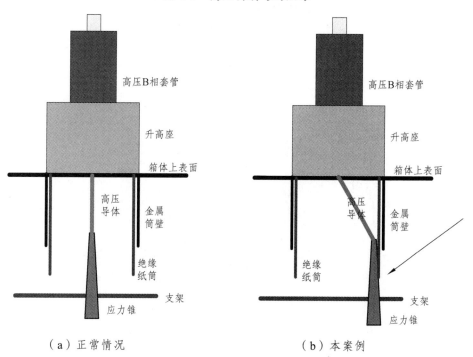

（a）正常情况　　　　　　　　　　　（b）本案例

图 1-10　缺陷处放电原因分析示意图

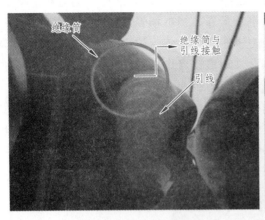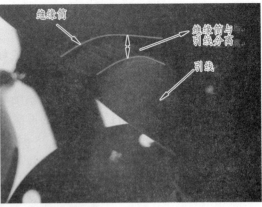

（a）处理前　　　　　　　　　　（b）处理后

图 1-11　缺陷处理前后的套管

1.2.4　有限元仿真验证

为了进一步从理论上分析应力锥与绝缘纸筒之间的距离太近是否为导致局部放电的原因，对主变进行有限元建模仿真。为了便于计算，此处将其简化为二维模型，如图 1-12 所示，并采用 COMSOL 软件对横截面电场进行数值计算，仿真时不断调节应力锥与绝缘纸筒之间的距离，两者距离从 50 mm 到 0 mm。其中套管引线施加电压有效值为 $1.5U_{\mathrm{m}}/\sqrt{3} = 123.7\ \mathrm{kV}$（即峰值为 175 kV），变压器油的相对介电常数为 2.2，电缆纸的制作材料是 NOMEX 纸，其相对介电常数为 3.5，绝缘纸筒是由硫酸盐木浆材料制成的，相对介电常数是 4.5。

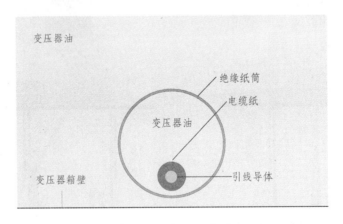

图 1-12　有限元模型

套管引线与绝缘纸筒不同距离时的电场仿真计算结果见图 1-13、图 1-14。从图中可以看出，随着套管引线（应力锥）不断靠近绝缘纸筒，引线与箱壁之间各处的电场均不断增强，并且电场的最大值也在增加。在交流电压作用下，电介质所承受电压与其相对介电常数呈反比，因此变压器油承受电压较高于绝缘纸筒的电压，当引线（应力锥）与绝缘纸筒之间距离达到一定程度时，变压器油承受的场强增加到超过其击穿电压，便会发生放电，比如两者处于图 1-11（a）位置时；而反过来，如果增大引线（应力锥）与绝缘纸筒之间距离，变压器油所承受的电场降低，当场强低于其击穿电压时，放电就会停止，如图 1-11（b）位置。综合以上分析，可以说明，应力锥与绝缘纸筒距离太近的确是引起此次局部放电的原因，也进一步证明了此次局部放电缺陷定位的有效性和准确性。

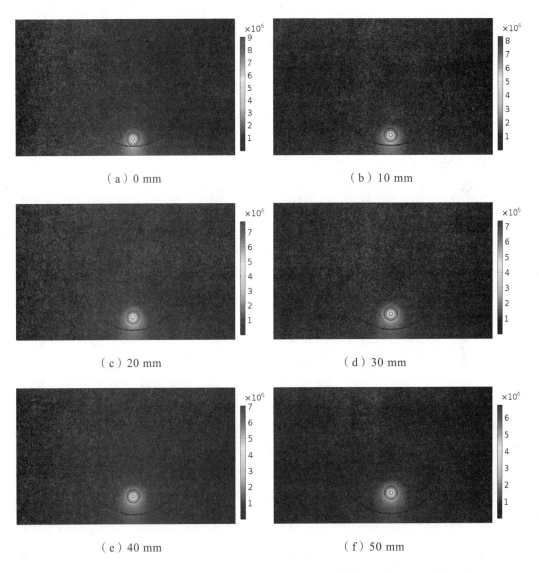

（a）0 mm

（b）10 mm

（c）20 mm

（d）30 mm

（e）40 mm

（f）50 mm

图 1-13　应力锥与绝缘纸筒在不同距离时的电场强度仿真结果

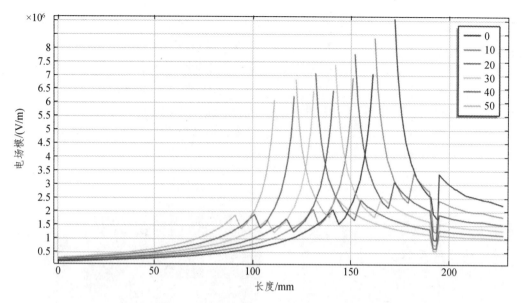

图 1-14 不同间隙下绝缘纸筒中心到箱壁直线上的电场强度分布曲线

1.2.5 结　论

本案例针对某 110 kV 变电站 1 号主变的异常放电信号，利用声电联合定位法对其进行了缺陷定位，得到以下结论：

（1）在主变局放的现场测试中，遇到局放异常信号时，需要结合局放的多维特征，包括局放量、脉冲出现相位与数量、起始电压，进行横向、纵向、不同运行条件的对比，包括 A、B、C 三相的对比以及不同主变挡位下的对比等一次粗略定位分析，确定放电源的大致位置。

（2）检测阻抗法与超声波检测法相结合的声电联合检测法可对主变的局放缺陷进行二次精确定位。通过在示波器上观察取自套管末屏检测阻抗的电信号与取自不同位置的超声波信号之间的时间差，确定时间差的最小值，便可以准确定位放电源与超声波传感器之间的距离。此外，在确定放电源在变压器中的三维空间位置时，需要对不同的方向进行对比，包括高压侧箱体、低压侧箱体的对比，以及同侧箱体竖直、水平方向的对比。

（3）通过缺陷消除后局放复测以及有限元仿真，证明了套管引线（应力锥）与绝缘纸筒距离太近会导致引线对箱体放电，因此当需要拔套管检修时，在复原过程中，切记使两者保持足够的电气距离。

1.3　直流电阻测试对变压器导电回路缺陷的作用

大型电力变压器绕组直流电阻（直阻）是判断变压器绕组是否异常或故障的主要依据

之一，是变压器出厂、交接以及预防性试验的基本项目之一，也是变压器发生故障后的重要检查项目。《输变电设备状态检修试验规程》（DL/T 393—2010）规定，1.6 MV·A 以上的变压器，各相绕组电阻相间差别不大于 2%（警示值），线间差别不大于 1%（注意值），1.6 MV·A 及以下的变压器，各相绕组电阻相间差别不大于 4%（警示值），线间差别不大于 2%（注意值）。绕组直阻及其相互之间的差别能有效判断及发现绕组接头焊接质量、有无匝间短路、分接开关接触是否良好、绕组或引线有无断裂等变压器绕组典型缺陷和故障。但实践表明，直流电阻不能反映全部的导电回路缺陷，结合色谱数据，可弥补高压试验无法发现的变压器导电回路缺陷。

1.3.1　套管桩头缺陷

套管桩头缺陷主要有接线板螺栓松动缺陷和将军帽松动缺陷。该缺陷将直接导致严重发热，可直接通过红外热像发现该类缺陷，而且可通过红外精确测温直接判断出发热点，区分出是接线板螺栓松动缺陷还是将军帽松动缺陷。该类缺陷在处理前后，各测一次变压器直流电阻，可确保该缺陷是否消除。

2014 年 7 月，试验人员在对某 110 kV 变电站进行巡检时，红外测温发现 2 号主变 110 kV 侧 C 相套管发热至 68.7 ℃，发热点是套管顶部柱头，为电流制热性缺陷。《带电设备红外诊断应用规范》（DL/T 664—2008）规定套管柱头热点温度≥55 ℃ 时判定为严重缺陷，应及时停电处理。

停电试验发现其绕组直阻 C 相偏大，相间互差为 4.96%，超过了规程警示值 2%，数据如表 1-6 所示。检修人员对 C 相将军帽进行紧固 1/4 圈的处理后，再次测试直阻数据合格，如表 1-6 所示。运行后红外巡视无异常，说明该缺陷得到有效的消除。

表 1-6　将军帽处理前后绕组直阻（换算至 20 ℃）

挡　　位	AO/mΩ	BO/mΩ	CO/mΩ	互差/%
9b（处理前）	400.2	400.1	420.3	4.96
9b（处理后）	399.1	399.2	399.1	0.03

1.3.2　焊接松动

2013 年 4 月，某主变例行试验时发现，在所有挡位，高压绕组 B 相直流电阻比 A、C 相电阻大 55 mΩ 左右，三相直阻的互差最高达 9.17%，如表 1-7 所示，该挡位上一次直阻试验数据合格。同时，也对比分析了该主变高压侧 B 相绕组上次直阻数据和此次直阻数据，如表 1-8 所示。

表 1-7 主变高压侧直阻数据（换算至 20 ℃）

挡位	AO/mΩ	BO/mΩ	CO/mΩ	互差/%
1	689.9	749.9	690.1	8.45
2	675.9	736.6	676.8	8.72
3	663.3	723.7	663.5	8.84
4	649.9	705.1	651.1	8.25
5	636.7	691.8	637.7	8.41
6	623.1	680.8	624.2	8.98
7	608.1	665.7	611.1	9.17
8	594.3	645.9	595.8	8.43
9b	578.5	629.2	578	8.60
10	592.6	644.2	594.3	8.45
11	606	661.8	606.7	8.93
12	618.6	676.7	619.7	9.10
13	631.6	689.7	632.6	8.92
14	645.9	704.9	647.3	8.86
15	660.2	721.2	662.8	8.95
16	674.6	735.6	677	8.77
17	689.1	749.8	691.2	8.55

表 1-8 主变高压侧 B 相前后两次直阻数据对比（换算至 20 ℃）

挡位	上次直阻/mΩ	此次直阻/mΩ	挡位	上次直阻/mΩ	此次直阻/mΩ
1	689.2	749.9	10	594.7	644.2
2	676.4	736.6	11	606.3	661.8
3	663.9	723.7	12	619.5	676.7
4	651.0	705.1	13	632.8	689.7
5	637.4	691.8	14	646.1	704.9
6	623.1	680.8	15	661.3	721.2
7	609.6	665.7	16	675.3	735.6
8	595.4	645.9	17	689.2	749.8
9b	579.7	629.2			

从表 1-8 可知，在所有挡位，高压侧 B 相绕组此次试验直阻数据比上次直阻数据大 60 mΩ 左右，说明该主变高压侧 B 相绕组出现了故障。对该台主变进行吊罩检查，发现 B 相绕组引出线与高压套管导电杆焊接处的四股导线中的一股断线。进一步检查发现生产厂

家焊接工艺达不到要求,焊接处的铜导线内部存在气泡、孔洞。在变压器运行过程中,此处的导线长期发热,导线变软,在电动力的作用下发生断裂,从而引起该主变 B 相绕组直流电阻增大。

1.3.3　分接开关缺陷

分接开关接触不良的主要原因有分接开关触头积污、电镀层脱落和弹簧压力不够、引线连接松动等,这些问题将直接导致主变在该分接挡位的直流电阻偏大,变压器运行时该处发热,会给变压器安全运行带来很大威胁。根据故障位置不同,分接开关缺陷特征不一样,如:切换开关奇/偶数挡接触不良将导致直流电阻互差在主变所有奇/偶数挡具有相似的规律;极性开关接触不良将导致直流电阻互差在极性开关切换前后不一致,且规律变化在切换前后非常明显;选择开关引线松动或接触不良表现为在极性开关切换前后所对应的两挡,所表现出的直流电阻互差规律一致。

1.3.3.1　案例一

表 1-9 为某变电站 110 kV 变压器例行试验时测试的高压侧直流电阻数据,其有载分接开关型号为 CMⅢ-500Y/63C-10193W。

表 1-9　某变电站主变高压侧直阻数据(换算至 20 ℃)

挡位	AO/mΩ	BO/mΩ	CO/mΩ	互差/%
1	505.2	506.7	507.4	0.44
2	509.1	500.3	499.3	1.96
3	492.3	491.4	499.5	1.65
4	493.7	484	484.3	2.00
5	477.9	478.2	477.1	0.23
6	479.7	470.4	469.4	2.19
7	461.1	459.2	460.4	0.41
8	463.4	452.2	453	2.48
9b	454	444.2	444.1	2.21
10	463.6	463.4	453.1	2.49
11	461.3	472	460.2	2.70
12	479.1	481.2	469.5	2.52
13	477.3	490.1	477.2	2.55
14	494.1	496.5	484.3	2.40
15	491.1	503.6	498.5	2.73
16	508.2	512.2	500.2	0.44
17	505.1	518.9	506.1	1.96

该台主变的历史数据均正常，然而从本次数据来看，分接开关的多个挡位直阻数据异常，不平衡率超标，最大互差达 2.73%。从测试数据来看，排除了主变套管与公用引线焊接及断股和切换开关接触不良等问题，初步判定为分接开关存在缺陷。

（1）根据测试数据可知，分接开关 9b 挡之后，B 相绕组在各分接挡位的直阻比 A、C 相直阻大 11 mΩ 左右，可以判断 B 相极性开关倒换极性后接触电阻或者连接电阻增大，可能的缺陷位置为 B 相极性开关动静触头弹簧压力不足或表面氧化严重，或者连接引线松动。

（2）C 相绕组直阻在 3 挡及对应的 15 挡时比 A、B 相直阻数据偏大，可判断 C 相绕组在该挡位的选择开关静触头引线松动或者静触头表面灼伤等原因造成动静触头接触不良，导致接触电阻偏大。

（3）A 相绕组所有偶数分接直阻较另外两相偏大，可判断为偶数挡切换开关动触头引线连接松动或者动触头表面灼伤、弹簧压力不足等问题造成的动静触头接触电阻过大。

1.3.3.2　案例二

2010 年，在对某 110 kV 变电站 1 号主变（型号 SFSZ9-40000/110）预试时发现高压侧直阻不平衡率在过了 9b 挡之后超标，如表 1-10 所示。

表 1-10　某变电站 1 号主变高压侧直阻数据（20 ℃）

挡位	AO/mΩ	BO/mΩ	CO/mΩ	互差/%
1	563.6	561.5	560.4	0.57
2	554.4	552.6	551.5	0.53
3	545.2	543.7	542.7	0.46
4	536.3	534.8	533.8	0.47
5	527.7	526.1	525.0	0.51
6	518.5	517.2	516.1	0.47
7	510.0	508.5	507.4	0.51
8	501.1	499.6	498.5	0.52
9b	491.5	488.9	487.9	0.74
10	500.6	510.9	498.3	2.53
11	509.5	519.0	507.2	2.33
12	518.1	527.9	515.8	2.35
13	526.9	534.8	524.6	1.94
14	535.6	543.3	533.3	1.88
15	543.9	554.0	541.8	2.25
16	553.4	562.8	550.9	2.16
17	561.2	570.0	559.7	1.84

由表 1-10 看到，该变电站 1 号主变高压绕组直流电阻在分接开关 9 挡之后数据异常，B 相绕组直阻偏大 10 mΩ 左右，三相绕组的互差超标，直阻结果不合格。试验人员反复多次切换分接开关挡位，并反复测试，直阻数据没有发生明显变化，仍表现出上述类似规律。因此，可以判定为 B 相极性开关存有缺陷，在其倒换极性后接触电阻或者连接电阻增大。对变压器进行吊罩检查，发现其极性开关接头处螺丝松动，压接不牢，接头处金属表面有高温所烧痕迹，表面呈发黑状态，如图 1-15 所示。检修人员对其进行打磨处理，并重新安装紧固后复测直阻，数据合格。

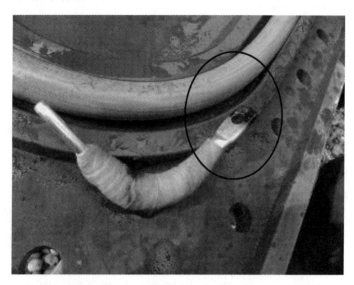

图 1-15　氧化灼伤连接部位

1.3.4　直流电阻无法发现的导电回路缺陷

直流电阻在发现绕组故障缺陷方面并不是万能的，当多股并绕绕组断股数量很少或者烧损部分占绕组整体等效横截面面积较小时，直流电阻往往不能有效反映故障，还需要借助运行工况和油色谱特征等方式综合判断。

1.3.4.1　案例一：绕组断股故障

2013 年 4 月，某 35 kV 变电站 1 号主变（型号：SZ9-10000/35）前期遭受雷击，将该主变停电并进行诊断试验，其绕组直阻数据正常，如表 1-11 所示。主变空载、短路主抗、绕组直流电阻、主体绝缘及耐压等其他试验项目数据均合格，和历史数据相比没有发生明显变化；同时，该主变油化测试分析发现乙炔含量为 81.8 μL/L，总烃含量为 205.6 μL/L，超过了《输变电设备状态检修试验规程》（DL/T 393—2010）中乙炔注意值 5 μL/L（注意值）和总烃注意值 150 μL/L（注意值）。

表 1-11   某变电站 1 号主变直流电阻数据

挡位		AO/mΩ	BO/mΩ	CO/mΩ	互差/%
高压侧	1	303.5	304.6	304.7	0.40
	2	295.8	295.7	296.9	0.41
	3	288.1	288.0	289.2	0.42
	4	280.4	280.3	281.5	0.43
	5	272.8	272.6	273.8	0.44
	6	265.2	265.0	266.3	0.49
	7	257.8	257.6	258.8	0.47
低压侧		ab/mΩ	bc/mΩ	ca/mΩ	互差/%
		38.83	38.81	38.84	0.08

从色谱数据可知，油中乙炔含量超标严重，三比值编码为 102，说明主变内部存在有明显的电弧放电发生。其后，对该主变进行吊罩大修检查，发现其分接开关引线存在烧蚀断股情况，20 股铜线已有 4 股断开，如图 1-16 所示。断裂的铜线尖端导致电场畸变，在电压作用下发生持续放电，导致油纸分解，生产大量烃类气体、CO 及 CO_2。然而由于引线断股后仍然具有良好的导电性能，因此绕组直阻数据并无明显异常，符合相关规程规定。检修人员对断股处进行打磨处理，采取细铜丝缠绕加固，并采用锡箔纸包覆。经滤油处理后对主变进行验收试验，高压试验数据及色谱数据合格。

图 1-16   分接开关引线断股部位

1.3.4.2   案例二：绕组匝间短路

2012 年 9 月某日一直下着小雨，某 110 kV 变电站 1 号主变（型号：SFZ10-50000/110）差动保护、轻、重瓦斯保护同时动作，变压器故障跳闸。

事故发生后，对主变进行了油化分析，结果显示主变本体油样乙炔含量达 309.8 μL/L，瓦斯气体中乙炔含量超过 1 000 μL/L，因此可确定变压器内部发生过电弧放电现象，油中溶解气体含量如表 1-12 所示。对主变进行绕组直阻（见表 1-13）、主变空载、短路阻抗、绕组连同套管介质损耗因数、铁心对地绝缘电阻、主体绝缘电阻、工频耐压及局部放电等逐项测试，结果均无异常。分析认为主变内部发生了电弧放电，但主保护动作瞬间切除故障后放电处绝缘恢复，未造成严重绝缘损坏。

表 1-12　某变电站 1 号主变色谱试验数据　　　　　单位：μL/L

取油位置	试验日期	H_2	CO	CO_2	CH_4	C_2H_4	C_2H_6	C_2H_2	总烃	结论
本体	2011.5.24	11.2	444.2	2 393.3	5.4	6.9	1.4	—	13.7	正常
本体	2012.9.14	524.0	810.2	3 815.6	84.0	135.0	7.8	309.8	536.6	$H_2>150$ $C_2H_2>5$ 总烃>150
瓦斯	2012.9.13	69 489.4	24 479.2	4 176.9	983.9	891.6	79.0	1 205.0	3 159.5	异常

表 1-13　某变电站 1 号主变直流电阻数据

挡位		$AO/m\Omega$	$BO/m\Omega$	$CO/m\Omega$	互差/%
高压侧	1	504.2	506.9	506.5	0.53
	2	497.2	499.9	499.3	0.54
	3	490.2	493.1	492.7	0.59
	4	483.3	486.3	485.5	0.62
	5	476.4	479.3	478.6	0.61
	6	469.4	472.3	471.7	0.62
	7	462.5	465.4	464.8	0.62
	8	455.5	458.5	458.0	0.66
	9b	447.3	450.0	449.1	0.60
	10	455.7	458.9	458.1	0.70
	17	505.1	508.0	507.2	0.57
低压侧	$ab/m\Omega$		$bc/m\Omega$	$ca/m\Omega$	互差/%
	6.384		6.365	6.390	0.08

主变返厂大修后，打开本体油枕进行内部检查，发现油箱底部有严重锈蚀痕迹，而且底层有明显积水，说明主变有密封不良的缺陷。经详细检查，发现变压器油枕顶部有锈蚀小孔，解开油枕发现油枕底部锈蚀，说明水从油枕进入后沉入油箱底部。检查线圈时发现 110 kV 高压 C 相线圈整体轻微变形，且 C 相调压绕组上部两饼线圈之间有明显匝间短路的放电痕迹，如图 1-17 所示。分析认为，放电位置上方正对着油枕与油箱连接的汇流管口，雨水从油枕锈蚀小孔进入后，顺着汇流管往下流，正好滴在 C 相线圈外层调压线圈上，绝缘薄弱处发生了匝间短路。由于主保护动作时间很快，短路故障未得到进一步发展就已经

切除，被击穿的线圈匝间绝缘已经恢复，因此常规试验无法诊断出该处缺陷。

（a）绕组有轻微变形

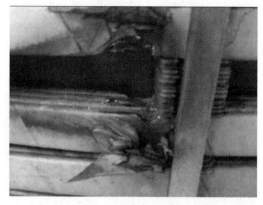
（b）线圈匝间烧损

图 1-17　主变内部局部缺陷

1.3.4.3　案例三：主变中性点引线雷击击穿

2010 年 7 月，某 110 kV 变电站 1 号主变被雷击后发生跳闸（型号：SFZ7-40000/110，接线组别为 YNd11）。雷击时，该变压器中性点处于不接地运行状态，线路 C 相避雷器动作，中性点避雷器未动，本体瓦斯继电器内无气体。

表 1-14　某变电站 1 号主变直流电阻数据

	试验时间	挡位	AO/mΩ	BO/mΩ	CO/mΩ	互差/%
高压侧	2009-9-2	5	573.2	574.6	571.4	0.56
		6	576.9	577.7	574.6	0.54
		7	580.1	581.1	578.2	0.50
	2010-7-9	5	574.8	576.1	572.8	0.57
		6	578.0	579.6	576.1	0.61
		7	581.4	583.2	579.8	0.58
低压侧	试验时间	ab/mΩ		bc/mΩ	ca/mΩ	互差/%
	2009-7-5	7.654		7.636	7.672	0.47
	2010-8-6	7.664		7.651	7.689	0.50

高试人员对变压器进行诊断试验，并将试验数据与历史数据进行对比，发现变压器本体介质损耗、本体绝缘电阻、铁心绝缘电阻和变压器高、低压侧绕组直流电阻无明显变化，变压器变比、低压空载损耗数据均符合要求；同时，该变压器中性点避雷器测试数据与历史无较大变化，符合规程要求。其中直阻数据如表 1-14 所示，色谱分析数据如表 1-15 所示。

表 1-15　某变电站 1 号主变色谱试验数据　　　　　单位：μL/L

试验日期	摘　要	H_2	CO	CO_2	CH_4	C_2H_4	C_2H_6	C_2H_2	总烃	结论
2009-8-12	例行试验	24	399	3 985	5.01	5.99	1.8	1.96	14.76	有乙炔
2010-7-27	例行试验	31	685	5 105	6.49	10.08	1.92	1.81	20.3	有乙炔
2010-8-2	雷击跳闸后	145	960	7 120	17.98	23.47	21.85	39.85	103.15	$C_2H_2>5$

表 1-15 变压器本体故障前后油色谱分析表明，烃类气体（甲烷、乙烷、乙烯、乙炔）和氢气有显著增长，一氧化碳、二氧化碳略有增加，表现为变压器内部发生了电弧击穿故障。

检修人员从人孔口进入变压器后，发现中性点引出线与大盖检查时引线弯曲处略微有点发黑，该位置位于中性点升高座内，中性点引线在此有较大的弯曲，引线即将接触升高座内壁。于是打开中性点套管，发现在升高座内壁有焊点状的放电痕迹，导线上也形成一个焊点。因此可以判断，由于雷击放电发生在尾部，且引线靠壳过近，几乎碰在大盖上，其间隙击穿电压低于避雷器放电电压，所以中性点避雷器动作之前变压器尾部就已发生放电。因为故障仅造成绝缘击穿，并且及时恢复，引线回路未有断股等损伤，对引线损坏很小，所以直阻测试无法发现缺陷。

检修人员对被损坏处进行了重新绝缘包扎处理，并经滤油处理和高压试验、油色谱试验合格后投入运行，经过一段时间本体油色谱跟踪，未发现变压器异常，证明处理位置正确，缺陷已消除。

1.3.5　变压器直流电阻分析与讨论

绕组直流电阻对发现主变压器绕组缺陷具有重要作用，但是也存在不足之处。本节基于实际案例，分析了直流电阻在发现主变绕组缺陷的有效性，得出如下结论：

（1）套管将军帽松动、有载分接开关压接不牢、焊接头松动等导致接触电阻增大，直流电阻数据在发现主变压器此类固有接触电阻较大的连接缺陷具有显著效果。

（2）对于因绝缘击穿导致的断股类缺陷，只要引线烧损等效截面积所占整体比例不大，则直流电阻测试不能反映真实缺陷，只有结合运行工况和油色谱分析等故障特征，才能有效判断故障类型，并通过吊罩检查发现故障点。

（3）对主变压器的缺陷分析，应尽可能多地收集相关资料，结合油色谱、运行工况、保护动作等对缺陷做出正确的判断，以便制定有针对性且实用的检修策略。

1.4　Z 型变压器中性点电压异常升高的故障分析

1.4.1　Z 型变压器结构原理

国内站用变压器通常采用 Z 型变压器，其主要优点在于 10 kV 侧形成了人为的中性点，同消弧线圈相结合，用于 10 kV 发生接地时补偿接地电容电流，消除接地点电弧，同时这类变压器还具有零序阻抗小的优点。

常见的一种 ZNyn11 变压器接线方式如图 1-18 所示。接地变高压侧的每一相绕组线圈分成绕向相同、匝数相等（额定挡）的两个部分，两段不同相别的线圈分别按一定顺序缠绕在不同铁心柱上，然后反串起来组成星形连接方式。即 A 相铁心柱上饶有高压侧 AA_1、B_1O 绕组和低压侧 ao 绕组；B 相铁心柱上饶有高压侧 BB_1、C_1O 绕组和低压侧 bo 绕组；C 相铁心柱上饶有高压侧 CC_1、A_1O 绕组及低压侧 co 绕组。上半部分线圈（AA_1、BB_1、CC_1）是带调压分接的主绕组；下半部分线圈（A_1O、B_1O、C_1O）是具有移相作用的移相绕组，移相绕组与调压绕组在每相上具有 60° 的相位关系。当三相正、负序电压加至站用（接地）变高压侧时，各段绕组将产生相位不同的磁势，而每个铁心柱的磁势则是两相绕组磁势的向量和，合成磁势相差 120°。ao、bo、co 为低压侧绕组，Znyn11 站用（接地）变压器的电压向量关系如图 1-19 所示。

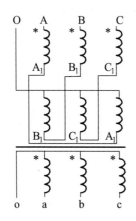

图 1-18　ZNyn11 接线方式（以*表示同名端）　　图 1-19　ZNyn11 电压向量图

1.4.2　故障特征及分析过程

2015 年 3 月，在对某 110 kV 变电站进行电容电流带电测试时，发现 10 kV 4 号站用接地变压器（接线方式为 ZNyn11）的高压侧中性点电压异常，经电压互感器测得中性点电压为 3.46 kV（中性点与消弧线圈之间经隔离刀闸断开，中性点未接地）。同时，继电保护监测表明该站用变压器高压侧和低压侧三相电压均平衡，高、低压侧相电压分别为 6.01 kV 和 0.391 kV，高低压侧无缺相或接地故障现象。

1.4.2.1　事故分析

该站用接地变为 DKS9 型接地变压器，铭牌数据如表 1-16 所示。

表 1-16 站用变压器铭牌

型　号	DKS9-600/10.5-100/0.4			联结组号	ZNyn11	
绝缘水平	LI75AC35/AC5			频率/Hz	50	
分接位置	一次 容量/kV·A	一次 电压/kV	一次 电流/A	二次 容量/kV·A	二次电压/V	二次电流/A
Ⅰ		11				
Ⅱ	600	10.5	36.83	100	400	144.34
Ⅲ		10				
出厂日期	2009 年 10 月			阻抗电压	2.53%	

停电后对该变压器进行了诊断试验，试验结果如表 1-17 所示。

表 1-17 站用变压器诊断试验结果

高压绕组直流电阻				
挡位	AB/Ω	BC/Ω	CA/Ω	互差/%
Ⅱ	2.751	2.760	2.771	0.72
挡位	AO/Ω	BO/Ω	CO/Ω	互差/%
Ⅱ	0.633 5	2.124	2.143	92.4

低压绕组直流电阻			
ao/Ω	bo/Ω	co/Ω	互差/%
0.008 117	0.008 248	0.008 176	1.60

挡位	额定变比	变压比偏差/%		
		AB/ab	BC/bc	CA/ca
Ⅱ	26.25	0.10	0.08	0.11

由上表可知，R_{AB}、R_{BC} 及 R_{CA} 线间电阻差值很小，线间互差满足要求，这说明 AB、BC 及 CA 线间绕组完好，无断股、焊接或压接不良现象；同时其线间变比偏差均满足要求，说明绕组励磁是完整的，因此低压侧三相电压是正常的。

同时试验发现，Z 型变高压侧的相间直阻不平衡度严重超标：R_{AO} 明显偏小，只有正常值的一半左右 [按照 $R_{AO}=(R_{AB}+R_{CA}-R_{BC})/2$ 计算，R_{AO} 应为 1.37 Ω 左右]，而 R_{BO} 和 R_{CO} 明显偏大。另外，相间直阻与线间直阻的关系仍然满足 $R_{AB}=R_{AO}+R_{BO}$ 以及 $R_{CA}=R_{AO}+R_{CO}$，却不满足 $R_{BC}=R_{BO}+R_{CO}$。

因此，推测该 Z 型变压器的缺陷为中性点引出线误接在了 A 相绕组 AA_1 的末端，如图 1-20 所示。这样一来，在

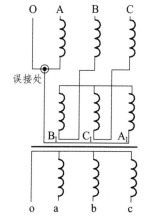

图 1-20 Z 型变压器可能存在的缺陷接线示意图

测量相间电阻时，AO 事实上测的是 AA_1 段直流电阻，而在测量 BO 和 CO 直流电阻时，均包含了实际的中性点至 A_1 段的直流电阻，与实测结果吻合。由图 1-19 可知，在正常的 Z 型变压器接线方式下，$U_{A1} = U_A/\sqrt{3}$。由于该 Z 型变压器将中性点引出线误接在了 A_1 上，因此中性点电压也升高至相电压的 $1/\sqrt{3}$，与现场实测结果吻合。

值得注意的是，即使存在上述中性点误接缺陷，对 Z 型变压器进行线电压比 AB/ab、BC/bc、CA/ca 测试时，高压侧各相绕组均已完整接入试验回路，在试验过程中起到励磁作用，因此表 1-17 中的线变压比符合试验规程。但如果测试 AO/ac、BO/ba、CO/cb 的电压比，由于 O 相电位异常，将导致相电压比出现错误。

1.4.2.2　解体验证

随后，对该 Z 型变压器进行返厂解体及相关试验，验证了对缺陷的推测。Z 型变压器解体后高压侧主要的线圈引出线如图 1-21 和图 1-22 所示，其错误地将 O 相引出线和 A_1 接在了一起，从而造成中性点电压异常升高。

图 1-21　Z 型变压器解体图片

图 1-22　错误接线点局部图片

更正 Z 型变压器中性点引出线，复测 R_{AO}、R_{BO}、R_{CO} 直流电阻，结果如表 1-18 所示，测试结果合格，与之前测得的 R_{AB}、R_{BC} 及 R_{CA} 线间直流电阻测量值吻合，满足关系 $R_{AB} = R_{AO} + R_{BO}$，$R_{CA} = R_{AO} + R_{CO}$ 及 $R_{BC} = R_{BO} + R_{CO}$。

表 1-18 Z 型变压器高压绕组直阻复测结果

挡位	高压绕组直流电阻			
	AO/Ω	BO/Ω	CO/Ω	互差/%
Ⅱ	1.375	1.383	1.401	1.89

同时，由图 1-18 可知，AO 绕组缠绕在 A 相铁心上半部分及 C 相铁心下半部分，在变压器一次侧 AO 两端施加电压，将在二次侧 ac 两相感应出方向相反的电动势。因此，可测量 ac 两端的电压，得出 AO/ac 的电压比。由向量图可知，该比值应为线电压比的 $1/\sqrt{3}$。同理可测量 BO/ba、CO/cb 的电压比。结果如表 1-19 所示，与理论相吻合。

表 1-19 Z 型变压器相变压比复测结果

挡位	额定线变比	相变压比值		
		AO/ac	BO/ba	CO/cb
Ⅱ	26.25	15.17	15.17	15.16

这两项试验结果再次验证了诊断分析的结果，该 Z 型变压器缺陷为中性点接线错误。

1.4.3 讨论与建议

该案例暴露了这类变压器可能存在的一种较为隐蔽的错误接线方式。由于站用变出厂试验及交接验收试验均只要求测试其 AB、BC 及 CA 线间直流电阻和 AB/ab、BC/bc 及 CA/ca 的变压比，而未要求测试 AO、BO 及 CO 单相直流电阻和 AO/ac、BO/ba 及 CO/cb 的变压比，因此这类缺陷难以被发现。同时，站用变运行过程中，中性点消弧线圈一直未投入使用，中性点始终处于悬空状态，因此尚无事故发生，这类缺陷也难以得到暴露。

然而，由于电气工作人员潜意识认为正常运行中的变压器中性点无电压，可能会无意或在缺少必要的安全措施的情况下触碰到这类缺陷变压器的中性点，从而导致触电。而当中性点经消弧线圈接地后，可能会导致单相接地事故，影响系统安全运行。因此，这类缺陷存在着重大的安全隐患。

为及时发现这类缺陷，试验人员对有 O 相引出端的站用变压器进行出厂及交接验收试验时，应同时测量 R_{AO}、R_{BO}、R_{CO}，即各相与中性点之间的直流电阻，同时，还可辅以测量 AO/ac、BO/ba、CO/cb 的电压比试验给予验证，其比值应为线电压比的 $1/\sqrt{3}$。

1.5 110 kV 电压等级的变压器绕组变形故障分析

近几年发生的电力变压器事故中，因为变压器绕组变形引发的事故占了很大的比例。

电力行业标准《电力变压器绕组变形的电抗法检测判断导则》（DL/T 1093—2018）指出：通过检测变压器绕组变形以减少变压器短路损坏事故的发生是必要的，《电力装置安装工程电气设备交接试验标准》（GB 50150—2016）将绕组变形试验明确规定为变压器交接试验项目之一。

1.5.1　绕组变形诊断方法

当变压器绕组流过高出额定电流数倍至数十倍的电流时，将在线圈周围产生漏磁场，电流与磁场的相互作用使得线圈受到巨大的电动力作用，如果电动力超过线圈机械程度耐受能力，绕组就会发生轴向或者径向尺寸的变化，其表现形式通常为叠层线圈绕组表面的局部凹凸、扭曲或移位等。随着近区短路大电流冲击次数的增加，变压器绕组变形具有不可逆性，并且呈现急速恶化的趋势，即对于已经发生形变的绕组线圈，机械强度会大大下降，其抵御短路电流冲击的能力被严重削弱。所以，增强变压器绕组变形诊断能力，及时发现变压器绕组变形并采取相应措施，对于防止变压器损坏事故、提高电力系统运行稳定具有重要意义。

目前，变压器绕组变形常用的诊断试验方法有 4 种：绕组电容量法、低电压短路阻抗法、频率响应法和上述 3 种方法的综合诊断分析法，它们的优点和缺点对比分析如表 1-20 所示。

表 1-20　变压器绕组变形诊断方法对比分析

名称	原理	优点	缺点	判据
频率响应法	频率超过 1 kHz 时，变压器每个绕组可看成一个由电容、电感等分布参数构成的无源线性双端网络。该网络的结构特性由传递函数 $H(j\omega)$ 决定，$H(j\omega)$ 随 ω 变化的曲线就是频率响应特性曲线，是对变压器特性的描述。若变压器绕组发生位移、鼓包等变形，造成绕组间或对地距离的变化，双端网络模型中的电感、电容分布参数将发生响应改变，使得传递函数中由分子分母得到的零点和极点数值发生变化，从而改变频率响应曲线的波峰和波谷点位置	该方法能灵敏地反应绕组扭曲、拉伸、鼓包、崩塌、移位等宏观上的变形问题；对于绕组线圈绝缘不良导致的匝间短路、载流量下降的断股、分接开关因表面氧化或接触力不够导致的接触不良、铁心多点接地等细小的局部性问题同样能够灵敏反应	该方法属于高频弱电测试方法，在现场测试中易受到变电站现场环境中的放电、操作脉冲等各种高频电磁信号干扰因素的影响，导致诊断结果的不准确性；另外，对移位和整体性的移位判断不准确	通过对绕组频率响应曲线的传递函数进行方差、均方差等数学计算，得到相关系数 R，即通过相关系数判断曲线的相似度来进行绕组是否发生变形的判断

名称	原 理	优 点	缺 点	判 据
短路阻抗法	短路阻抗是指一对绕组分别加压和短路时，该对绕组间的漏电抗，由它们的空间几何尺寸及相对位置决定。漏电感 L_K 可用函数表示为 $L_K=F(R,H)$，而短路阻抗 Z_K 和电抗 X_K 都与 L_K 呈函数关系。当由于绕组变形导致的一对绕组空间几何尺寸发生变化时，会引起漏电感 L_K 的变化，根据函数中自变量和因变量的关系，可知 Z_K、X_K 也会发生相应的改变。可通过与铭牌进行初值差计算判断其绕组是否发生绕组变形[7]	每一对绕组的电抗值随着它们相对距离 R 的增加而增加，反之减小。因此，通过各绕组间电抗值的变化，可在一定程度上判断具体哪一对绕组相对距离发生怎样的变化	该方法对绕组明显变形反应明显，尤其是当绕组发生移位、整体性变形时很有效，却不能够灵敏性反应局部性变形问题	（1）容量 100 MV·A 及以下且电压等级 220 kV 以下的变压器，初值差不超过 ±2%，三相之间的最大相对互差不应大于 2.5% （2）容量 100 MV·A 以上或电压等级 220 kV 以上的变压器，初值差不超过 ±1.6%，三相之间的最大相对互差不应大于 2%
电容量法	根据电容量的定义公式可知，各绕组间、绕组对铁心、绕组对箱体及地的相对位置和绕组形状的变化将引起它们各自等值电容量的变化	绕组电容值是一个分布参数，对大电流冲击导致的严重变形和绕组相对空间位置的整体性变化灵敏度较高	该方法对小电流冲击或工艺缺陷导致的鼓包、扭曲、匝间短路等局部细微变形表现的灵敏度较差	电容量变化超过初值 5% 为注意值，超过初值 10% 为中度变形；超过初值 15% 为严重变形
综合诊断分析法	采用上述三种试验方法中的一种、两种或三种，同时结合油化验等其他检测手段进行综合分析判断	具有更高的灵敏度和准确性	—	—

1.5.2 故障案例分析

1.5.2.1 现场试验与分析

某年 4 月 18 日，某 110 kV 变电站 1 号主变压器（型号 SFSZ9-40000/110，连接方式 YNyn0d11，额定电压 (110 ± 8×1.25%)/(38.5 ± 2×2.5%)/10.5 kV，额定容量 40 000/40 000/40 000 kV·A）进行停电例行试验。

采用频率响应法测试得到高、中、低压绕组的频响曲线结果如图 1-23 所示。

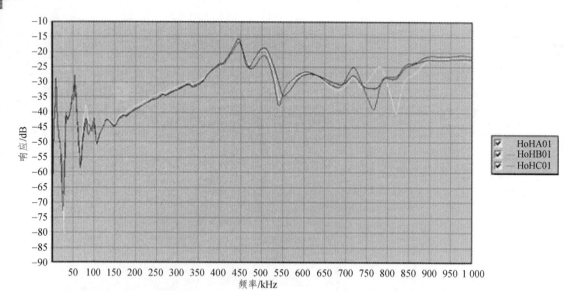

相关系数	低频段 （1~100 kHz）	中频段 （100~600 kHz）	高频段 （600~1 000 kHz）	全频段 （1~1 000 kHz）
R_{21}	1.27	2.25	0.37	1.23
R_{31}	1.39	2.01	0.53	1.42
R_{32}	1.60	1.69	1.34	1.68

（a）高压绕组频率响应曲线

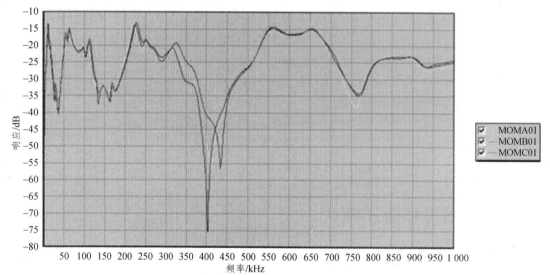

相关系数	低频段 （1~100 kHz）	中频段 （100~600 kHz）	高频段 （600~1 000 kHz）	全频段 （1~1 000 kHz）
R_{21}	1.86	1.16	1.69	1.27
R_{31}	2.50	1.50	1.81	1.53
R_{32}	1.84	0.91	2.46	1.03

（b）中压绕组频率响应曲线

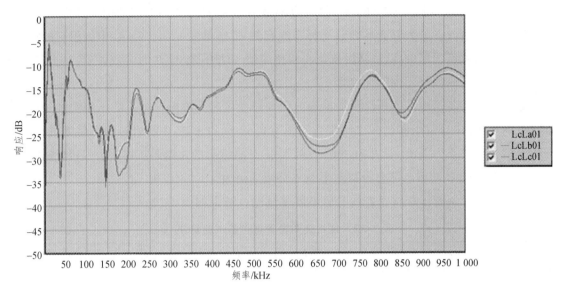

相关系数	低频段 （1~100 kHz）	中频段 （100~600 kHz）	高频段 （600~1 000 kHz）	全频段 （1~1 000 kHz）
R_{21}	2.17	2.19	1.46	1.60
R_{31}	2.57	1.55	1.77	1.66
R_{32}	1.99	1.66	2.29	1.69

（c）低压绕组频率响应曲线

图 1-23 绕组频率响应试验结果

由于该变压器没有历史频响试验数据进行纵向比对，因此主要以三相横向比对来分析。通过相关系数法判断高、中、低三相绕组均存在轻度变形。而从曲线波峰、波谷位置进行判断：在高压绕组频响曲线高频段 A 相与 B、C 相差别较大，说明有可能高压 A 相绕组发生变形；而在中压绕组频域响应曲线中频段 B 相与 A、C 相差别较大，说明有可能中压 B 相绕组发生变形；对于低压绕组，曲线波峰、波谷位置比较相近，发生绕组变形可能性很小。

为了进一步对绕组变形情况进行诊断分析，接下来进行短路阻抗试验，结果如表 1-21 所示。

表 1-21 短路阻抗试验结果

测试部位	挡位	A	B	C	平均值	铭牌值	最大相对互差/%	初值差/%
高-中	1	10.999	10.870	10.597	10.822	10.47	3.69	3.36
	9b	10.668	10.530	10.258	10.485	10.01	3.91	4.75
	17	10.797	10.667	10.389	10.618	10.04	3.84	5.76
高-低	1	18.263	18.111	18.077	18.150	18.32	1.02	−0.93
	9b	17.998	17.840	17.808	17.882	17.86	1.06	0.12
	17	18.217	18.068	18.030	18.105	18.46	1.03	−1.92
中-低	3	5.883 8	5.935 9	6.083 5	5.967 7	6.38	3.35	−6.46

由表 1-21 分析可知，1、9b、17 挡对应的高-中绕组对和 3 挡对应的中-低绕组对的短路阻抗数据初值差、最大互差均超过了标准规定的 ±2% 和 ±2.5%，且高-中绕组对的短路阻抗值大于铭牌值，而中-低短路阻抗值小于铭牌值，结合 Z_K 与 R 的函数关系，初步判断中压绕组发生向内收缩（内凹）变形。

进一步结合高、中、低压绕组中电流方向及所受电磁力方向可得，高压绕组和中压绕组间距离变大，中压绕组和低压之间绕组间距离变小。而对于高-中绕组对的短路阻抗结果，三相阻抗大小关系为 A 相>B 相>C 相，而对于中-低绕组对的短路阻抗结果，三相阻抗大小关系为 C 相>B 相>A 相，综合分析变形量趋势应为 A 相>B 相>C 相。

此外，进行了变压器绕组连同套管电容量试验，结果如表 1-22 所示。

表 1-22　绕组连同套管电容量试验结果

试 验 绕 组	上次历史值 C/pF	本次实测值 C/pF	电容量初值差/%
高-中低地	14 440	13 310	− 7.83
中-高低地	23 790	23 230	− 2.35
低-高中地	23 550	22 500	− 4.46
高中-低地	16 230	16 310	0.49
高中低-地	14 960	14 970	0.07

由表 1-22 可知，高-中低地绕组电容量相比上次历史值出现了显著的下降，初值差为 − 7.83%，表明高-中低压绕组之间距离变大，结合短路阻抗诊断结果，可判断为高压绕组与中压绕组之间距离变大。一般认为，如绕组电容量误差超过 5%，需加强监视运行注意值。因此，该变压器高-中低地绕组电容量误差超标，可判断变压器中压绕组存在变形。

综合以上三种绕组变形诊断结果分析，判断该台变压器中压绕组发生变形，高压绕组和中压绕组之间距离变大，且变形量趋势应为 A 相>B 相>C 相。

1.5.2.2　返厂吊罩验证

为了更准确地判断变压器绕组变形情况，对该变压器进行吊罩解体检查，发现高、低压绕组正常无变形，中压绕组都向低压侧挤压变形，绕组局部区域出现扭曲、凹陷（见图 1-24），与例行试验分析诊断结论吻合，直接证明了运用变压器绕组变形综合分析诊断法的有效性。

该 110 kV 变压器返厂修复就位后进行了电气性能交接试验，结果显示所有试验项目均满足验收标准要求。

（a）A 相
（b）B 相
（c）C 相

图 1-24　变压器返厂吊罩解体图

1.6　主变压器绕组损坏事故检测与分析

1.6.1　事故前运行方式

事故前变电站运行方式如图 1-25 所示，全站由 152 线路主供，151 线路作为备用电源，其断路器处于分位。1、2 号主变并列运行（130 断路器处于合位），35 kV 侧合环运行（330 断路器处于合位），10 kV 侧分列运行（930 断路器处于分位），322 断路器处于合位运行状态。

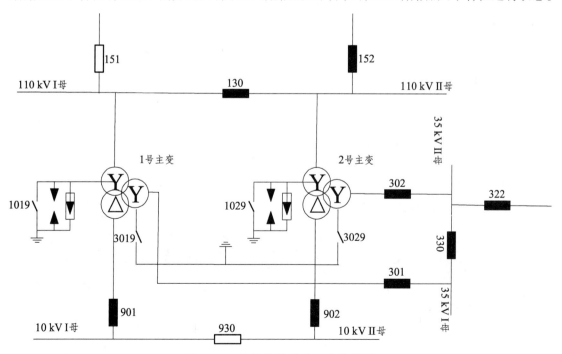

图 1-25　某站故障前的一次接线图

事故主变型号为 SFSZ10-50000/110，2008 年 3 月生产，联结组别为 YN/Yn0/d11，其有载开关型号 CMIII-600Y/63C-10193W。

1.6.2 事故分析

故障发生后，继保、检修、高试、化学等相关专业人员赶往事故现场，进行检查及诊断试验。

1.6.2.1 保护动作情况

事故录波图显示，2020 年 8 月 22 日 20 时 10 分 35 秒 822 毫秒，该变电站 35 kV 的 322 线路发生 B 相接地故障；310 ms 后，B 相故障发展为三相故障（录波文件显示故障电流约 3 800 A），线路保护装置启动，但 322 断路器未跳开；2 s 483 ms 后低电压 I、II 段动作，322 断路器跳开。

20 时 10 分 36 秒 145 毫秒，2 号主变差动保护启动，437 ms 后比率差动动作，跳开 152 断路器、110 kV 分段 130 断路器、35 kV 302 断路器与 10 kV 902 断路器。844 ms 后 2 号主变本体重瓦斯动作；4 s 925 ms 后，2 号主变本体轻瓦斯发信。

1.6.2.2 主变设备检查

现场检查主变外观无异常，本体瓦斯继电器内部有少量气体，主变各处均无放电及渗漏油痕迹，且油位正常。

1.6.2.3 油化试验

故障发生后，分别于 8 月 22 日和 23 日对主变中部及底部取样口取样，油化分析油中溶解气体浓度如表 1-23 所示。故障特征气体经过 24 小时扩散，23 日油样特征气体含量明显比 22 日高，三比值编码为 102，为电弧放电故障特征，即线圈匝间、层间短路、相间闪络、分接头引线间油隙闪络、引线对箱壳放电、线圈熔断、分接开关飞弧、因环路电流引起电弧、引线对其他接地体放电等。同时，表 1-23 中数据还显示两次取样试验结果均发现主变底部油样特征气体含量远大于中部，由于故障特征气体在绝缘油中存在扩散现象，气体总是从高浓度部位向低浓度部位扩散，且离故障点越近特征气体浓度越高，因此初步推断该主变内部发生过放电，且放电位置靠近变压器底部。

表 1-23 该主变油化试验数据 单位：μL/L

特征气体 检测日期及部位	2020.8.22 （中部）	2020.8.22 （底部）	2020.8.23 （中部）	2020.8.23 （底部）
氢气 H_2（<150）	52.6	107.9	225.6	490.7
一氧化碳 CO	413.1	457.9	548.9	794.5
二氧化碳 CO_2	4 252.0	4 082.7	3 865.6	4 349.8

特征气体 检测日期及部位	2020.8.22 （中部）	2020.8.22 （底部）	2020.8.23 （中部）	2020.8.23 （底部）
甲烷 CH_4	46.5	71.0	91.8	166.3
乙烯 C_2H	23.4	71.9	89.5	189.7
乙烷 CH_4	13.6	10.1	17.1	9.1
乙炔 C_2H_2（<5）	21.2	76.4	106.2	233.0
总烃（<150）	104.7	229.4	304.6	598.1
结论	乙炔、总烃超标	乙炔、总烃超标	氢气、乙炔、总烃超标	氢气、乙炔、总烃超标

1.6.2.4 高压电气试验

1. 低电压短路阻抗测试

低电压短路阻抗试验 C 相高压绕组在 1 挡、9b 挡、17 挡均无法通流（即 C 相电流为 0 A），且电压约为 A、B 两相的 $\sqrt{3}$ 倍，说明 C 相高压绕组已呈高阻或断线状态。各挡位与 C 相高压绕组相关的短路阻抗数据异常，高压对低压、高压对中压短路阻抗值已达数千欧，远超试验值，如表 1-24 所示；中压对低压短路阻抗最大相对互差为中压（1 挡）3.71%、中压（3 挡）2.5%、中压（5 挡）3.4%，超过规程要求的"容量 100 MV·A 及以下且电压等级 220 kV 以下的变压器三相之间的最大相对互差不应大于 2.5%"，但是与历史值相比（2015 年 1 月 5 日预试时，高压对低压初值差 4.1%，中压（3 挡）对低压相间互差 3.3%），本次中压对低压短路阻抗的最大相对互差与历史值基本一致，各相短路阻抗值也无明显变化。

同时，为验证 C 相高压绕组为彻底断线还是呈高阻状态，在现场逐渐提高试验电压，当试验电压升至 700 V 左右时，电流表指针左右剧烈摇摆，数据浮动大，说明 C 相绕组上的高阻态结构在较高电压作用下，高阻部位被间隙性电击穿，导致电压指针左右摇摆；另外，在高压试验大厅对一实训用 110 kV 变压器（无缺陷）开展模拟高阻试验，即在实训主变高压侧 C 相绕组上串接 1 kΩ~1 MΩ 的电阻，之后开展低电压短路阻抗试验，测试结果与上述故障变压器一致，C 相高压绕组在低电压下无法通流，且 C 相电压约为 A、B 两相的 $\sqrt{3}$ 倍。因此，可初步推断主变高压 C 相绕组中某一部位存在高阻态结构。另外，高压侧 1 挡、9b 挡、17 挡均出现无法通流，C 相电压异常现象，说明该高阻态位于高压侧 C 相主绕组上。

表 1-24　主变低电压短路阻抗试验数据

测试部位	挡位	相别	U/V	I/A	U_k/%	平均值/%	铭牌值/%	最大相对互差/%	初值差/%
高-中	高压 1 挡-中压 3 挡	A	215.63	10.46	10.541	—	—	—	—
		B	214.04	10.42	10.481				
		C	373.06	0.041	4 582.2				
	高压 9b 挡-中压 3 挡	A	215.84	8.64	10.319	—	10.26	—	—
		B	213.79	8.60	10.275				
		C	373.16	0.049	3 118.2				
高-低	高压 1 挡	A	221	3.99	18.885	—	—	—	—
		B	217	3.95	18.822				
		C	337	0.05	2 479.2				
	高压 9b 挡	A	219.4	4.86	18.639	—	17.82	—	—
		B	217.7	4.83	18.606				
		C	377.4	0.03	4 337.4				
	高压 17 挡	A	216.37	5.80	19.017	—	—	—	—
		B	214.91	5.77	19.011				
		C	373.98	0.04	4 546.6				
中-低	中压 1 挡	A_m	17.41	10.23	6.62	6.73	—	3.71	—
		B_m	17.47	10.18	6.71				
		C_m	17.53	9.96	6.87				
	中压 3 挡	A_m	19.19	10.23	6.38	6.43	6.42	2.5	0.16
		B_m	19.14	10.12	6.38				
		C_m	19.29	9.94	6.54				
	中压 5 挡	A_m	22.88	10.53	6.36	6.45	—	3.4	—
		B_m	22.74	10.37	6.42				
		C_m	22.82	10.17	6.58				

2．频率响应测试

如图 1-26 所示为高压绕组的频率响应曲线，从图中可知高压绕组低频段与 C 相有关的相关系数均接近极限值 0.6，如表 1-25 所示，属严重变形，说明绕组的电感改变，即线圈可能存在匝间或饼间短路故障，结合短路阻抗试验，再次验证了高压 C 相绕组存在高阻部位。如图 1-27 所示为中压绕组的频率响应曲线，其低频段相关系数为 2.0>R_{LF}≥1.0，中频段相关系数位于 0.6≤R_{MF}<1.0 区间（见表 1-26），属于轻度变形。低压绕组频率响应曲线三相基本一致，且与原始记录也无明显差异，即绕组频响曲线的各个波峰、波谷点所对应的幅值及频率基本一致，低压侧绕组没有变形。

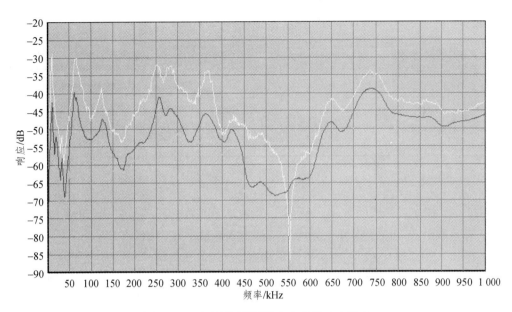

图 1-26 高压绕组频域响应曲线（1 挡）

表 1-25 高压绕组频率响应相关系数

相关系数	低频段（1～100 kHz）	中频段（100～600 kHz）	高频段（600～1 000 kHz）
R_{21}	1.19	1.96	2.37
R_{31}	0.60	0.99	1.93
R_{32}	0.90	1.07	2.33

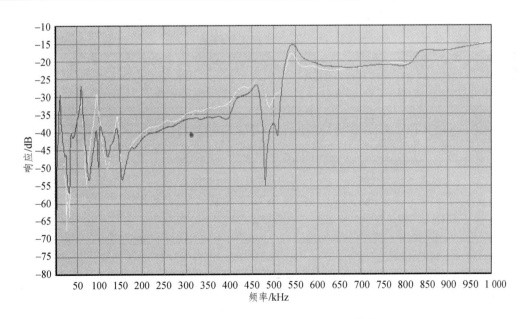

图 1-27 中压绕组频域响应曲线（5 挡）

表 1-26　中压绕组频率响应相关系数

相关系数	低频段（1～100 kHz）	中频段（100～600 kHz）	高频段（600～1 000 kHz）
R_{21}	1.48	0.92	1.27
R_{31}	1.30	0.90	1.53
R_{32}	1.36	1.44	1.85

3．空载试验

表 1-27 所示为空载试验数据，从高压绕组加 20 kV 空载试验电压时，两个边相 AB 和 BC 铁心空载电流和空载损耗差异均不超过 10%；从中压侧加 4.5 kV 时，空载试验不合格，两个边相 A_mB_m 和 B_mC_m 空载电流差异超过 10%；但当中压侧加 12.5 kV 空载试验电压时，空载试验数据合格，两个边相 A_mB_m 和 B_mC_m 空载电流差异不超过 10%。造成这个现象的原因主要有以下几个：

① 在低电压短路阻抗试验时已经提到，虽然高压 C 相绕组存在高阻态结构，但当试验电压升高时，高阻态将被逐渐电击穿，因此高压侧加 20 kV 空载试验电压时，高阻态被导通，空载试验数据合格。

② 中压侧绕组在低电压(4.5 kV)时空载试验不合格，但在提高试验电压(约 12.5 kV)后，空载数据合格，同样说明低电压下的不稳定高阻态随着电压升高逐步形成放电通道而呈现导通状态，电流大小亦由不稳定变为稳定状态。

③ 高试验电压下空载试验数据合格，说明铁心没有局部短路或多点接地故障(铁心绝缘电阻测试显示其绝缘电阻为 3 000 MΩ)。

表 1-27　空载试验数据

加压	短路	试验电压/kV	空载电流/mA	空载损耗/W
AB	CO	20	48.1	625
BC	AO	20	46.3	592
CA	BO	20	65.0	832
A_mB_m	C_mO_m	4.5	60.9	—
B_mC_m	A_mO_m	4.5	76.7	—
C_mA_m	B_mO_m	4.5	78.8	—
A_mB_m	C_mO_m	12.5	165	—
B_mC_m	A_mO_m	12.5	164	—
C_mA_m	B_mO_m	12.5	230	—

4．变比测试

对该主变开展高压对中压、高压对低压变比测试，在所有挡位均无法测出结果，而中压对低压数据合格，间接说明高压侧主绕组区段存在缺陷。

5．直流电阻测试

绕组直流电阻测试发现主变中、低压侧绕组直阻数据正常，如表 1-28 所示。但是高压侧 CO 绕组在各个挡位均无法通流，无法测出其直流电阻值，改用万用表测试 CO 绕组直阻为 12.85 kΩ。再将 CO 绕组升高电压至约 700 V，当 CO 相电流指针偏转剧烈后逐渐降压至 0，再用万用表测试 CO 电阻，其数据明显降低（在 0.4～300 Ω 范围内），但一段时间后 CO 绕组电阻又恢复至 10 kΩ 以上（万用表测试）。由于各个挡位的现象一致，说明 CO 相高阻故障位于主绕组上，同时，鉴于油化试验中变压器底部油中故障特征气体浓度明显比中部油中浓度高，因此推测故障点位于 C 相主绕组上，并靠近箱体底部，如图 1-28 所示。

表 1-28　直流电阻试验数据

	分接位置	AO/mΩ	BO/mΩ	CO/mΩ	相间互差/%
高压绕组直流电阻	8	404.1	404.7	无法通流	—
	9a	395.9	395.9	无法通流	—
	9b	395.3	395.5	无法通流	—
	9c	397.4	398.0	无法通流	—
	16	448.7	449.2	无法通流	—
	9b（万用表测量，Ω）	0.4	0.4	12 850	—
	分接位置	A_mO_m/mΩ	B_mO_m/mΩ	C_mO_m/mΩ	相间互差/%
中压绕组直流电阻	1	48.56	48.93	49.14	1.19
	2	46.84	47.21	47.44	1.27
	3	44.83	45.00	45.22	0.89
	4	46.78	47.20	47.43	1.38
	5	48.46	48.87	49.10	1.29
低压绕组直流电阻	ab	bc	ca		线间互差/%
	5.786	5.773	5.842		0.88

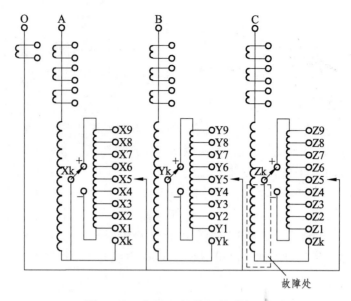

图 1-28　高压 C 相绕组故障部位

6．绝缘试验

对故障主变开展主变连同套管的电容量和介质损耗试验，无异常；测试绕组绝缘及铁心绝缘，与历史值无明显差异，说明铁芯及绕组未故障接地，佐证了空载试验结论。

1.6.3　事故分析及吊罩验证

1.6.3.1　事故原因分析

20 点 10 分 35 秒 822 毫秒，322 出线间隔中压侧 B_m 相发生单相接地事故，310 ms 后继而发生三相短路故障，但此时 322 断路器未跳开，直到（36 s 145 ms + 437 ms）比率差动动作跳开 2 号主变各侧断路器，322 线路故障才被切除。显然，这是一起因为断路器拒动而导致越级跳闸引起的事故。该故障持续时间为：36 s 145 ms + 437 ms − 35 s 822 ms = 760 ms，电、热应力在此时间段内作用于主变高压侧绕组，导致绕组烧损熔融断裂，但其断口间绕组并没有彻底脱开，而是在四周油纸的共同作用下，熔化脱落的绕组金属熔化物与绝缘油纸黏结在一起，最终形成"虚接"状态的高阻结构；另一方面，电弧高温使得绝缘油分解，产生大量故障气体，导致主变本体重瓦斯动作、轻瓦斯报警。另一方面，频响法显示高压 C 相绕组低频段明显变化，存在电感量变化，也是由于高压 C 相绕组被大电流熔融烧损，匝间存在故障，绕组电感被改变。

1.6.3.2　吊罩检查

2020 年 10 月，该主变返厂吊罩检查，发现中压绕组、低压绕组、调压绕组、高压侧 A、B、C 三相绕组线圈均完好无明显变形，但其高压侧 C 相绕组存在明显放电及烧蚀痕迹，在靠主变底侧第 26、27 线饼（从下往上数）处存在明显的放电烧蚀部位，两饼线匝烧蚀严重，第 27 饼线匝直接被熔融烧断，周围聚集大量炭黑、铜粒等粉末物质；同时，整个高压 C 相绕组线圈污染严重，表面分布有大量黑色物质。这可能是由于在该部位存在不连续区域（或弱点），在短路电流作用下，不连续区域（或弱点）严重发热，热量导致附近绝缘损坏，进一步导致绕组匝间击穿，产生电弧，高温导致金属铜绕组熔融、绝缘纸和绝缘油分解，如图 1-29 所示。

图 1-29 高压 C 相绕组故障点位置

1.6.4 结 论

该案例变压器故障前曾遭受数次短路电流，可能导致其线圈产生薄弱点，当再一次遭受短路电流时薄弱点过热并导致匝间放电。变压器作为电力传输、转换、分配的重要设备，对稳定电网供电质量起着重要作用。因此，在日常运行维护中，需加强设备技术监督管理，强化电网和设备稳定、安全。

第2章 GIS 典型案例分析与处理

随着电力工业技术的发展，GIS 即气体绝缘全封闭组合电器在变电站的运用日益广泛，相对于常规敞开式配电装置，其具有体积小、技术性能优良、设备运行可靠等优点，但对密封件、绝缘件、导体的材料与制造安装工艺要求较高。

由于 GIS 属于全封闭式，当其内部绝缘件（如盆式绝缘子、绝缘支座和绝缘拉杆等）存在质量不良、安装不当或老化等缺陷时，难以采用较为直观的试验手段发现这些缺陷。同时 GIS 出现故障，由于其紧凑密闭等特点，故障位置往往难以确定，其检修难度比常规设备大。因此，应加强 GIS 在出厂、安装、验收、运行维护等全过程的管理，及时发现并处理缺陷，避免 GIS 故障发生或扩大，提高供电可靠性。

2.1 110 kV GIS 断路器缺相故障分析与处理

2.1.1 故障前运行方式

某 110 kV GIS 站的一次接线如图 2-1 所示，其为内桥接线，2 条电源进线分别为 110 kV 151 间隔进线及 110 kV 152 间隔进线，10 kV 为单母分段接线。

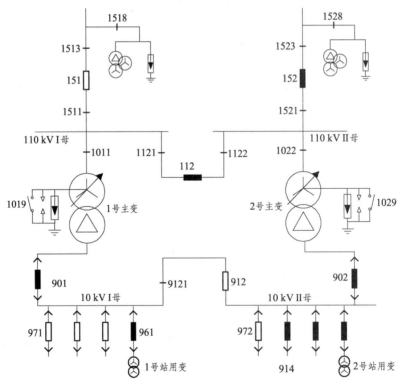

图 2-1 事故变电站故障前运行方式

该变电站事故前正进行解环操作，151 断路器、152 断路器、110 kV 内桥 112 断路器均在合位。此时 1 号主变中性点接地运行，2 号主变中性点不接地运行，901、902 断路器合位，10 kV 分段 912 断路器在分位。

2.1.2　故障发生经过

2.1.2.1　1 号主变动作情况

在 151 断路器、112 断路器、152 断路器合环运行时，如图 2-2 所示的故障录波，可以看出 151 断路器有负荷电流，而 152 断路器基本无电流，可以推测此时 152 断路器触头处的阻抗较 151 断路器大得多。7 时 54 分 52 秒 251 毫秒，拉开 151 断路器，151 断路器电流消失，152 断路器 B、C 相流过负荷电流，但 A 相无电流，如图 2-2 所示，由于该站无母线 PT（电压互感器），因此无法检测母线电压。

此时全站负荷基本由 152 断路器 B、C 两相提供电源，造成非全相运行。由于 1 号主变中性点接地运行，B、C 两相合成的零序电流通过 1 号主变中性点入地，因此 1 号主变高后备保护感受到了二次 1.81 A 的零序电流（一次电流 217.2 A），如图 2-3 所示。经 3 005 ms 延时，保护启动，主变高后备保护零序过流Ⅲ段动作，跳开 112、901 断路器，10 kV I 母失压。

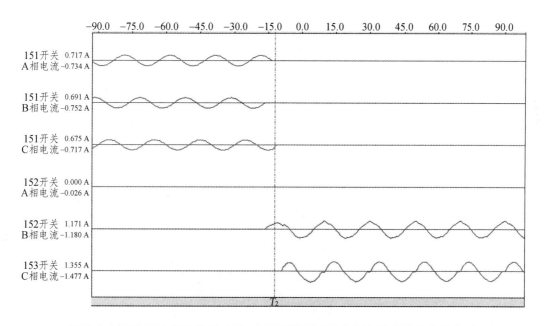

图 2-2　拉开 151 断路器后 151、152 断路器 CT（电流互感器）电流波形

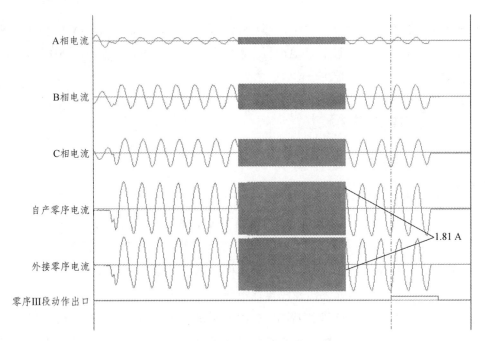

图 2-3　1 号主变套管 CT 电流及零序电流波形

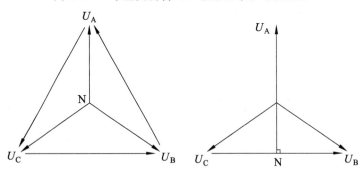

图 2-4　正常情况下的三相电压和缺相时的中性点电压

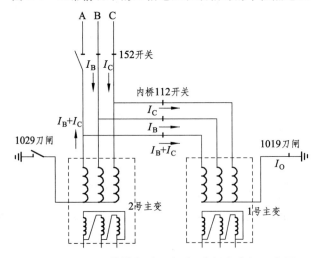

图 2-5　152 开关缺相（A 相）时电流路径示意图

当全相运行时，主变中性点电压为 0 V，当缺 A 相运行时，对于 1 号主变（中性点接地）而言，其中性点电压为 0 V，但是对于 2 号主变（中性点地刀断开）而言，其中性点电压相量如图 2-4 所示，2 号主变中性点电压值大约为正常相电压的一半，即 $U_{\text{IN}} = 1/2 U_C = 1/2 U_B = 31.8$ kV，如图 2-4 所示，该电压方向与原 A 相电压方向相反。此时，1、2 号主变中性点存在压差，将会形成从 2 号主变中性点经 1、2 号主变 A 相绕组再到 1 号主变中性点的电流，因此，1 号主变 A 相套管 CT 会检测到电流，电流路径如图 2-5 所示。1 号主变中性点 CT 也会检测到零序电流，导致 1 号主变后备保护动作。

2.1.2.2　全站失压过程

内桥 112 断路器跳开后，该断路器电流消失，152 断路器 B、C 两相电流减小，152 断路器 A 相出现负荷电流，幅值与 B、C 两相接近，152 断路器三相负荷电流恢复正常，如图 2-6 所示。

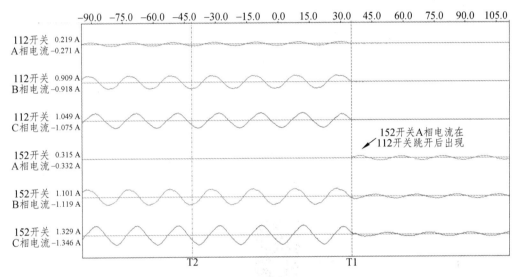

图 2-6　112 断路器跳开后 152 断路器电流变化情况

152 断路器三相电流恢复正常后，经过约 10 min，8 时 5 分 52 秒 587 毫秒，2 号主变保护感受到 152 断路器 CT C 相故障电流，二次值为 37.5 A（一次电流 6 000 A），2 号主变差动保护动作，比率差动出口跳 152、902 断路器，如图 2-7 所示。152、902 断路器跳开后，全站失压。然而，152 断路器 CT 此时仍持续感受到故障电流，16.5 ms 后，152 断路器采集到三相故障电流，二次值为 29.4 A（一次电流 4 704 A），如图 2-7 所示。

从现场 GIS 设备结构特点可以看出，152 断路器和 152 CT 位于同一气室，且 152 断路器 CT 位于靠线路侧，152 断路器线路保护和 2 号主变差动保护的保护范围如图 2-8 所示。主变差动保护跳开 152 断路器后，接地故障仍未切除，CT 仍有电流，直到 8:05:53:228，152 间隔对侧站线路保护动作跳开对侧断路器，CT 电流为 0 A，故障才被切除。因此，可以推断故障范围大致位于 152 断路器与 152 断路器 CT 之间，其故障过程为在 GIS 内部首先发生了 A 相单相接地故障，继而发生三相接地故障。

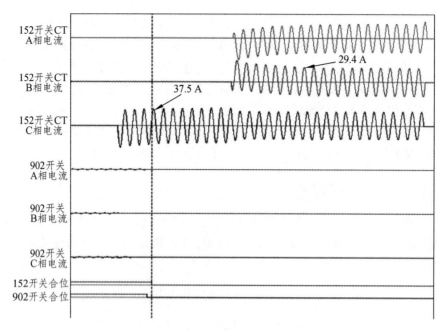

图 2-7   2 号主变差动保护录波

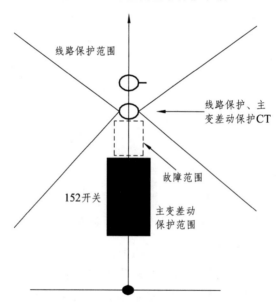

图 2-8   线路保护、主变差动保护范围

2.1.3   故障查找

2.1.3.1   SF$_6$分解产物检测

故障发生后，对 152 断路器气室（152 断路器和 152 断路器 CT 位于同一气室）开展
SF$_6$气体诊断试验，发现 152 断路器气室 SF$_6$分解产物含量异常，其 SO$_2$含量 138.6 μL/L，

H_2S 含量为 131.8 μL/L，CO 含量为 735.5 μL/L，远高于 H_2S、SO_2 的注意值 1 μL/L。SO_2 和 H_2S 含量是判断 GIS 等 SF_6 气体设备是否存在放电、过热故障的重要指标，因此根据测试结果可以推断，在 152 断路器气室内发生了严重放电。

2.1.3.2　解体分析

综上分析，152 断路器缺相是导致此次事故的主要原因，而断路器缺相有较大可能是由于合闸不到位引起的。因此，事故发生后，检修和厂家人员首先对 152 断路器机构箱进行检查，发现 152 断路器机构底座紧固螺栓一侧明显松动，另一侧底座紧固螺栓已经完全脱落，如图 2-9 所示。机构底座与座子之间有明显间隙，如图 2-10 所示。因机构固定不牢，引起断路器在分合闸过程中，弹簧及传动连杆做功出力不能准确地将行程传递给动触头，致使断路器触头分合闸行程不够，合闸时动静触头虚接或接触不良；分闸时动静触头又不能有效分开，导致持续燃弧。这不仅无法满足拉开短路电流的运行要求，而且连承载极低负载电流的能力都受到影响。

图 2-9　152 断路器机构底座螺栓情况

图 2-10　底座存在间隙

152 断路器解体之后，在内部发现有大量的灰色粉末，如图 2-11 所示。152 断路器 C 相被电弧击穿导通后，SF_6 气体在电弧的作用下分解产生 H_2S、SO_2 等故障气体，同时产生大量铜蒸气以及碳化燃烧的粉末，铜蒸气和碳化粉末从 C 相故障点周围向四周扩散，形成游离导电介质，使断路器气室绝缘逐渐降低，并最终导致 A、B 两相也对外壳/地导通，形成放电通道，故障发展为三相对地短路。由于保护死区，152 断路器跳开后并没有消除接地故障，因此距离保护动作跳开 152 对侧断路器。

图 2-11   152 断路器静触头

2.1.4   检修处理及建议

检查该站 151 断路器机构时，发现其机构底座螺栓同样存在松动的隐患，存在分合闸不到位的风险。因此，为安全起见，电力公司已将其列为家族性缺陷，对电力公司内部该厂家生产的该类型 GIS 设备进行梳理，并安排进行逐一停电排查，未排查的断路器不能再进行分合闸操作。排查时应先拉开对侧站相应间隔的断路器，在不带负荷的情况下拉开缺陷断路器；整改时应先进行机械特性、低跳特性、回路电阻等试验以便摸底，紧固操作机构底座螺栓，并涂覆防松胶，需再次复核机械特性、低跳特性、回路电阻试验，合格后投运。

2.2   刀闸气室放电故障分析与处理

2.2.1   事故概况

2018 年 7 月 6 日 17 时 11 分 50 秒，某 220 kV 变电站运维人员遥控合闸 1 号主变 201 开关，17 时 11 分 02 秒，1 号主变两套保护差动速断动作，跳开 201 开关，动作时间 5 ms，保护动作二次电流 50 A，1 号保护故障相别为 ABC 相（PCS-978，转角方式为角转星），2

号保护故障相别为 AC 相（CSC-326，转角方式为星转角）。

现场检查发现 1 号主变 2016 刀闸气室内部发生放电故障。该站 220 kV GIS 设备型号为 ZF9-252（L），2014 年 6 月出厂，2016 年 2 月投入运行。

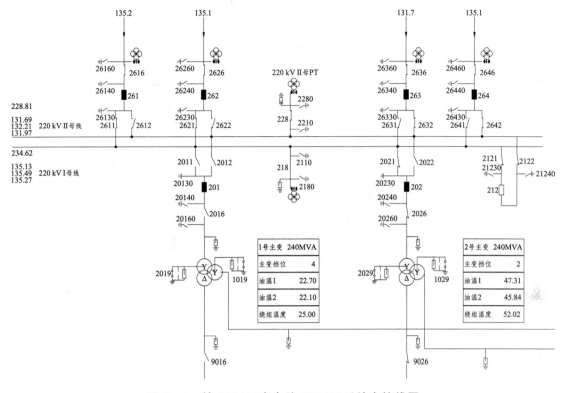

图 2-12　某 220 kV 变电站 220 kV 系统主接线图

该站 220 kV 系统为双母线接线方式，如图 2-12 所示，事故前 261、262 两线作为主供电源运行在 220 kV Ⅰ母，2 号主变 202 开关运行在Ⅰ母，带全站负荷运行，母联 212 开关热备用，263、264 两线运行在Ⅱ母，201 开关热备用，预备在Ⅰ母投运。故障前，该站内正进行 201 开关机构检修后对 1 号主变送电操作，101、901 开关均处于热备用。

2.2.2　事故原因检查情况

2.2.2.1　一次设备检查

检修人员在事故发生后第一时间现场检查发现各气室压力均在正常范围内，一次设备外观检查无异常。

2.2.2.2　二次设备检查

由故障录波信息可看出，A 相一次故障电流为 12 800 A，BC 相电流为 0 A，A 相故障电压为 0 V，BC 相电压不变，持续时间 60 ms。其他保护均未动作，也无其他开关跳闸。

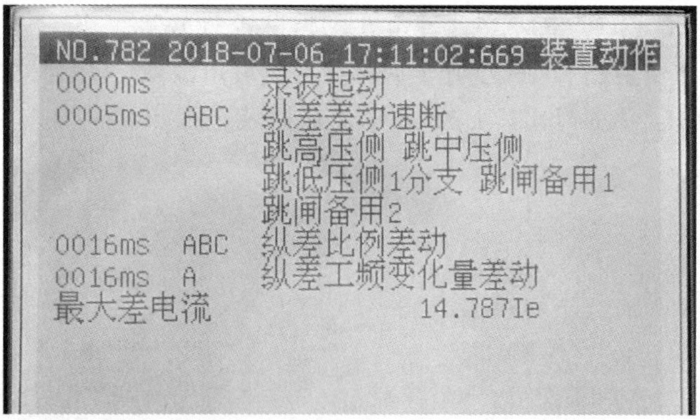

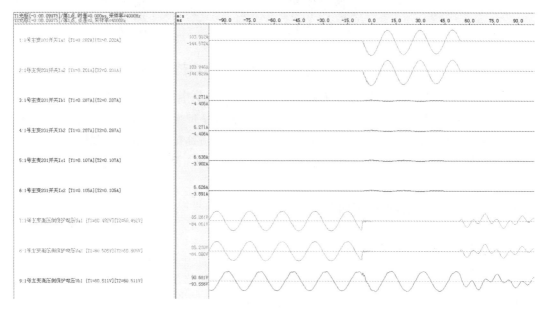

图 2-13　该 220 kV 变电站 1 号主变 1 号保护（PCS-978）动作报文

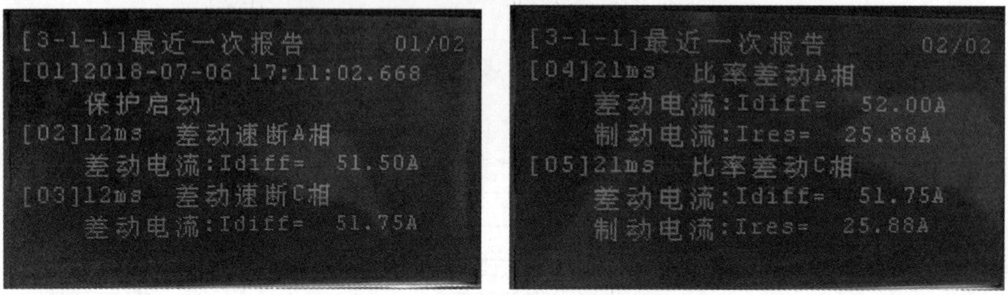

图 2-14　该 220 kV 变电站 1 号主变 2 号保护（CSC-326）动作报文

图 2-15　该 220 kV 变电站 201 开关故障录波波形

2.2.2.3　故障气室定位及相关信息

由于该站两套母线差动保护均未动作，两套主变差动速断保护均动作，初步判断故障范围在 201 开关 A 相上 CT 与 1 号主变本体之间。故障 2 小时后对相关气室进行 SF$_6$ 分解产物检测未见异常，故障 5 小时后 SF_6 分解产物检测发现 1 号主变 2016 刀闸气室存在异常分解产物，SO_2 含量 2.2 μL/L，H_2S 含量 1.1 μL/L，故障 16 小时后，故障气体 SO_2 含量增至 312.5 μL/L。同时对该气室相邻气室进行检测，未发现异常。因此确定 1 号主变 2016 刀闸 A 相气室存在故障，如图 2-16 所示（实线方框内为故障气室，气室从主变室进线套管通过 110 kV GIS 夹层直至 220 kV GIS 室）。故障发生时间越长，故障气体含量越高，这可能是因为发生放电的位置远离检测位置，由于 GIS 气室内部相对静止，在较短时间内故障气体还未扩散至检测位置，所以无法检测出故障气体。随着时间的延长，故障气体不断扩散，含量也不断增加。

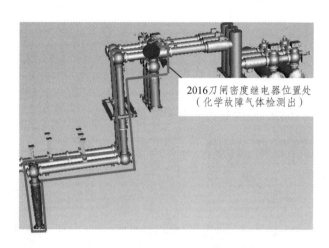

（实线框内为故障气室，气室从主变室进线套管通过 110 kV GIS
夹层直至 220 kV GIS 室）

图 2-16 2016 刀闸放电气室示意图

该气室自投运以来 SF_6 压力正常，未发生漏气现象。检修单位于 2018 年 7 月 5 日至 6 日开展 201 断路器机构隐患整治，更换断路器合闸弹簧后调试数据合格，且故障后断路器气室分解产物未见异常。

2.2.3 故障气室解体分析

2.2.3.1 故障气室解体现象

故障气室为三相分体式，但三相气管连通，为确定 A 相气室放电对其他两相气室污染情况，对 1 号主变 2016 刀闸三相气室均开罐检查。

解体发现 A 相气室内部遗留大量盆式绝缘子环氧树脂放电后产生的粉尘，A 相气室位于 110 kV GIS 室夹层处的水平布置盆式绝缘子表面有明显电弧灼烧痕迹，放电盆式绝缘子位置如图 2-17 所示，该盆式绝缘子为水平布置（凸面朝上）。

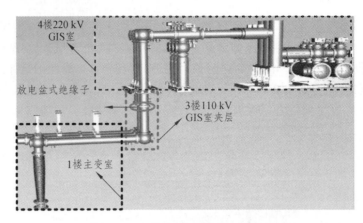

图 2-17　放电盆式绝缘子位置示意图

　　如图 2-18（a）所示放电的 A 相盆式绝缘子烧蚀受损情况来看，该盆式绝缘子表面明显受大电流电弧烧蚀，图 2-18（b）中可看出金属嵌件及导体屏蔽罩已烧蚀严重变形，GIS 筒体表面也有明显烧蚀痕迹，筒内存在大量盆式绝缘子放电后产生的粉末。

图 2-18　1 号主变 2016 刀闸气室 A 相放电盆式绝缘子

　　对 1 号主变 2016 刀闸 B 相气室开罐检查未见异常，盆式绝缘子表面无放电痕迹，分支母线筒内无放电粉尘。

对 1 号主变 2016 刀闸 C 相气室开罐检查，分支母线筒内无放电粉尘，但 C 相位于 110 kV GIS 夹层处的水平布置盆式绝缘子表面有明显放电痕迹，如图 2-19 所示，根据放电树枝分析，初步判断该放电痕迹为基建调试交流耐压时盆式绝缘子放电击穿造成，该放电树枝明显为在较小能量下放电形成，基本可排除运行中放电的可能。

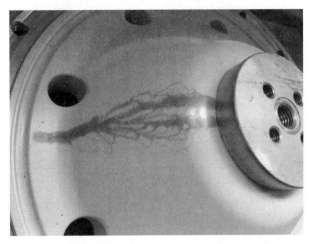

图 2-19　1 号主变 2016 刀闸气室 C 相放电盆式绝缘子

2.2.3.2　现场处理方案

根据现场 GIS 受损情况，通过与设备厂家协商确定检修方案，更换 1 号主变 2016 刀闸 A 相气室水平布置盆式绝缘子及 110 kV GIS 夹层受损的分支母线筒，更换 1 号主变 2016 刀闸 C 相气室水平布置盆式绝缘子，并对 1 号主变 2016 刀闸三相气室开关全面清理，检查该气室三相所有盆式绝缘子沿面状况，确认盆式绝缘子沿面洁净（现场检查发现通往主变室分支母线未受放电粉尘污染，且受施工条件限制，主变室楼顶高层布置的盆式绝缘子未检查）。

2.2.4　故障修复后耐压试验情况

2.2.4.1　耐压试验情况

7 月 16 日，完成 2016 刀闸气室故障修复，并于 7 月 17 日开展修复后的交流耐压试验工作，现场交流试验值为 368 kV（出厂试验值的 80%）。其中 A、C 相一次通过 368 kV 交流耐压，但 B 相连续多次升压均发生放电击穿（放电电压在 220～250 kV）。现场核实耐压设备及高压引线对地距离无异常后，初步判定 B 相内部存在绝缘薄弱环节，加压时发生绝缘击穿。

对 2016 刀闸 B 相气室开罐检查，发现 220 kV GIS 室竖直布置盆式绝缘子表面有明显放电痕迹，盆式绝缘子位置如图 2-20 所示，且根据如图 2-21 所示放电树枝形态进行分析，该盆式绝缘子沿面发生多次放电击穿。如图 2-22 所示，可以看出放电点处金属嵌件与环氧树脂结合处有明显烧蚀痕迹，虚框内金属嵌件与环氧树脂结合处明显不平整，该处为环氧树脂、金属嵌件以及 SF_6 气体三交界面，属于电场畸变区，在绝缘子表面未清理干净的情况下易发生放电。

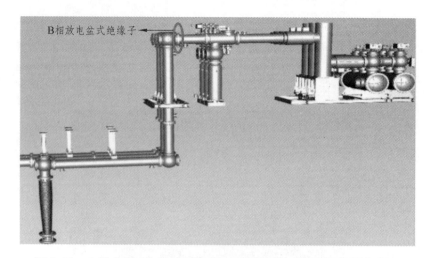

图 2-20　1 号主变 2016 刀闸气室 B 相放电盆式绝缘子位置示意图
（耐压试验时放电击穿）

图 2-21　1 号主变 2016 刀闸气室 B 相放电盆式绝缘子
（耐压试验时放电击穿）

图 2-22　1 号主变 2016 刀闸气室 B 相放电盆式绝缘子击穿局部图

2.2.4.2　故障修复情况

如图 2-23 所示，将 B 相气室分布在 220 kV GIS 室和 110 kV GIS 夹层处的 5 只盆式绝缘子开罐检查并清理（1 号主变室顶层的 3 只盆式绝缘子未开罐清理），22 日对 B 相气室重新开展交流耐压（368 kV/min）试验，试验通过。

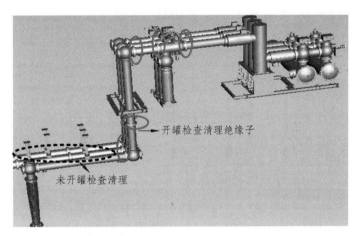

图 2-23　2016 刀闸 B 相气室开罐清理情况示意图

2.2.5　故障原因分析

故障前无恶劣天气、所有保护装置及系统无异常，在 1 号主变 201 开关完成检修后送电 1 号主变时发生 A 相盆式绝缘子沿面闪络放电，B、C 相盆式绝缘子均在试验电压下发生沿面放电，可见本次故障的原因属产品或装配质量问题。造成本次三相盆式绝缘子均有放电的原因可能有：

（1）在基建安装时绝缘子表面未清理干净，GIS 装配过程中的粉尘以及金属屑掉落在盆式绝缘子表面引起电场畸变，导致盆式绝缘子沿面放电。

（2）盆式绝缘子生产过程中，金属嵌件与环氧树脂结合处工艺处理不良，由于该处为环氧树脂、金属及 SF_6 气体三类电介质交界面，工艺处理不良产生不光滑的毛刺后会导致电场畸变产生局部放电，在表面有粉尘、金属屑等异物的情况下局部放电加剧，最终导致放电击穿。

（3）由交流耐压试验结果可知，B 相盆式绝缘子在沿面放电击穿后仍可承受 200 kV 左右试验电压，因此，C 相盆式绝缘子在表面已有放电痕迹的情况下仍可在运行电压下正常运行，所以不排除 A 相盆式绝缘子也在基建耐压时发生过放电击穿，投运时绝缘子表面绝缘已有损伤。

（4）A 相盆式绝缘子在送电过程中放电闪络的原因可能为：盆式绝缘子在基建调试时发生过放电击穿或在安装过程中有金属粉尘等异物遗留在绝缘子表面，在 201 开关送电过程中产生的操作过电压以及机械振动作用下，绝缘子表面绝缘裂化或异物跳跃至高电场区域，最终导致放电击穿。

2.3　刀闸故障引起的 110 kV GIS 母线全停事故分析

2.3.1　事故前运行方式

事故发生前某 220 kV 变电站 110 kV 系统运行方式为：110 kV 双母线并列运行，112 开关合位，101、163、165、169、173 开关运行于 I 母，102、164、168 开关运行于 II 母，如图 2-24 所示。

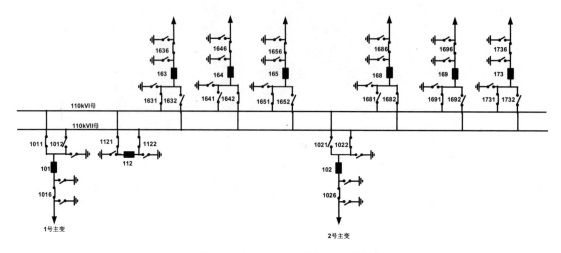

图 2-24　该站 110 kV 部分一次接线图

101、102 开关 CT 变比为 2 000/5，112 开关 CT 变比为 2000/5，110 kV 线路开关 CT 变比为 1000/5。

110 kV 母差保护为 PCS-915A。

2.3.2　保护及开关动作情况

2.3.2.1　保护动作情况

110 kV 母线差动保护报文：3 ms，变化量跳 I 母；21 ms，稳态量跳 I 母；72 ms，稳态量跳 II 母。

12 时 44 分 46 秒 185 毫秒，110 kV 母差保护装置感受到 I 母 A、C 相短路，10 ms 后发展为 A、B、C 三相短路，二次故障电流大差 30 A、I 母小差 30 A、II 母小差 0.06 A，保护装置 I 母差动动作跳开运行于 I 母的 101、163、165、169、173 开关及母联 112 开关。12 时 44 分 46 秒 237 毫秒，101、163、165、169、173、112 开关全部分闸到位，故障未被隔离。

12 时 44 分 46 秒 255 毫秒，110 kV 母差保护装置 II 母差动保护动作，二次故障电流大差 16.9 A、II 母小差 16.9 A、I 母小差 0 A，跳开运行于 II 母的 102、164、168 开关，故障隔离。

2.3.2.2　第一阶段：110 kV Ⅰ母故障

12 时 44 分 46 秒 185 毫秒，110 kV 173 开关 1732 刀闸气室靠近Ⅰ母侧区域发生 AC 相短路，流过 102、101 开关间隔 A、C 相最大故障电流 1 650 A、1 600 A。由录波图 2-25 可知，此时 $3I_0$ 为零，该故障状态持续 5 ms 后，发展为 AB 两相短路接地，产生 $3I_0$，流过 102、101 开关间隔 A、C 相最大故障电流为 2 880 A、2 750 A；故障持续 8 ms 后，发展为三相短路接地，流过 102、101 开关间隔 A、C 相最大故障电流为 6 240 A、6 200 A。

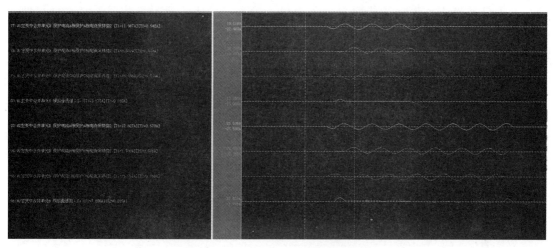

图 2-25　主变故障录波装置波形

此阶段，母差保护装置感受到Ⅰ母差流，先是出现 A、C 相差流，再出现 A、B、C 三相差流，母线故障录波如图 2-26 所示。

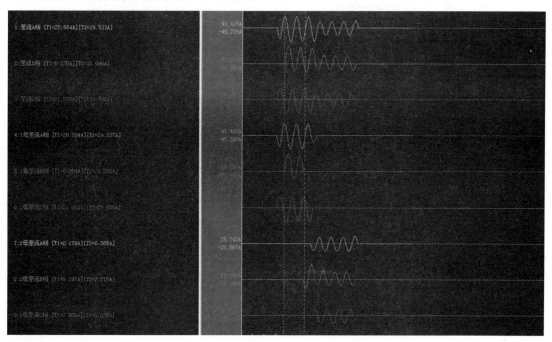

图 2-26　母线保护装置波形

2.3.2.3　第二阶段，110 kV Ⅱ母故障

173 开关 1732 刀闸气室靠近 Ⅰ母区域 ABC 三相短路持续 35 ms 后，故障转移为 110 kV Ⅱ母 ABC 三相短路，此时流过 102 开关间隔最大故障电流 6 920 A，持续 65 ms，101 开关由于已跳闸，故无故障电流。

针对母差装置的录波图，如图 2-27 所示，首先出现 Ⅰ母差流波形，在 112 开关未断开、Ⅰ母差流未消失前，依次出现了 B 相、A 相、C 相Ⅱ母差流波形；同时在Ⅱ母差流出现时，112 开关暂未跳开，其 B 相电流出现突然反向的现象，可以判定故障由 Ⅰ母转移到Ⅱ母。

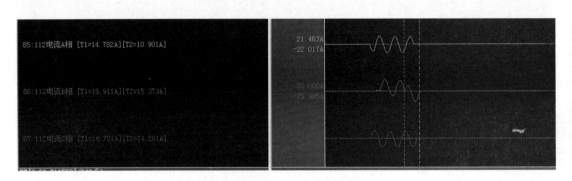

图 2-27　112 开关电流

2.3.3　事故现场检查

故障发生后，检修部门高压、化学专业人员在现场进行诊断试验。高压诊断试验数据正常，化学测试发现 110 kV 桥地线 1732 刀闸气室中 H_2S 气体含量超过 20 μL/L，SO_2 气体含量超过 100 μL/L，初步判断为 1732 刀闸气室内部出现击穿燃弧，并定于 10 月 30 日对桥地线 1732 刀闸气室进行开罐检查。

2.3.3.1　化学诊断试验

现场对该站 110 kV GIS 室内 101、102、112、161、162、163、164、165、166、167、168、169、170、171、172、173 间隔进行了 SF_6 分解产物测试，除 173 间隔以外，其他所有间隔数据正常，1731、1732 刀闸测试数据如表 2-1 所示（附投运验收及 2016 年检测数据）。

表 2-1 化学试验数据

设备名称	1731 刀闸气室			1732 刀闸气室		
检测日期	2015.10.30（验收）	2016.10.26	2017.10.18	2015.10.30（验收）	2016.10.26	2017.10.18
温度/℃	22	25	19	22	25	19
湿度/%	60	60	67	60	60	67
SO_2/（μL/L）	—	0.06	0.01	—	0.05	>100
H_2S/（μL/L）	—	0.00	0.00	—	0.00	>20
湿度/（μL/L）	137.6	128.9	—	151.6	148.1	—
结 论	正常	正常	正常	正常	正常	异常

综合上述试验结果，结合故障录波图形，初步判断 110 kV 1732 刀闸气室内存在放电击穿点，且初始击穿点为 A、C 相间绝缘介质。

2.3.3.2 1732 刀闸气室开罐

10 月 30 日，拆开该站 110 kV 1732 GIS 刀闸气室侧盖，发现气室内（侧壁、吸附剂、底部、母线通盆处）附着有燃烧产生的大量粉尘（见图 2-28），刀闸三相动触头绝缘连杆在 A、C 相间出现严重烧蚀（见图 2-28、图 2-29），连杆表面出现明显纤维状碳化物。

图 2-28 1732 刀闸气室开罐

图 2-29 A、C 相间连杆烧蚀处

随后，清除 1732 气室罐体内部燃弧产生的粉尘，可明显看到 1732 罐体底部（图 2-30 箭头处）、母线罐体通盆处以及 B 相静触头表面（图 2-30 圆圈处）存在严重烧蚀。

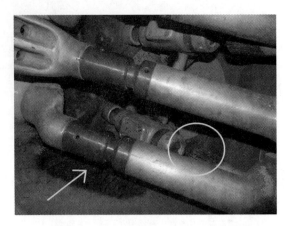

图 2-30　清扫粉尘后 1732 气室内图

2.3.4　故障原因分析

110 kV GIS 间隔厂家设计图如图 2-31 所示，该 110 kV GIS 刀闸结构为三工位设计，采用三段绝缘连杆连接三相动触头，并依靠齿轮旋转带动触头移向静触头或接地位，气室内三相触头分布位置从上到下分别为 C、A、B 相。整个气室击穿示意图如图 2-32 所示。

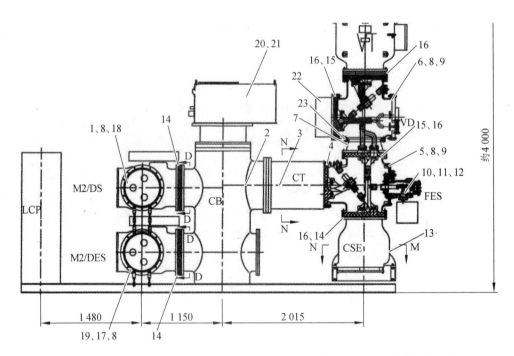

1—母线；2—断路器；3—CT；4—隔离开关；6—PT 隔离开关；10—快速接地开关；
13—电缆仓；16—PT；其余为装配附件。

（a）

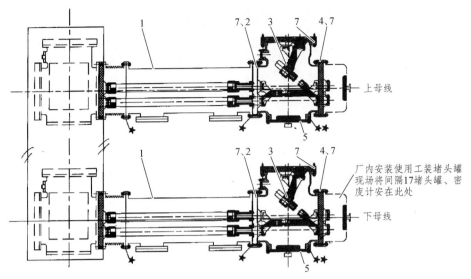

1—母线罐体；2—盆式绝缘子（通盆）；3—隔离开关动触头；
4—盆式绝缘子（隔盆）；5—手孔；7—接地螺栓。

（b）

图 2-31 GIS 结构设计图

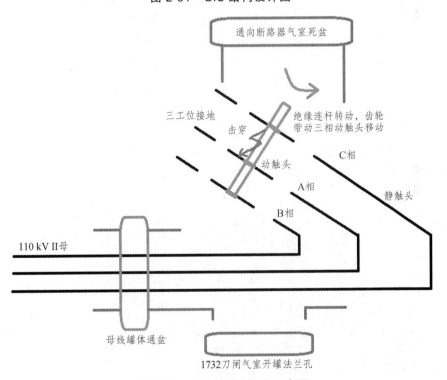

图 2-32 1732 刀闸气室示意图

从 1732 刀闸气室开罐检查情况和故障录波记录分析，A、C 相间首先发生击穿，随后 A、B 相间也发生击穿，形成三相击穿，在此过程中，A、C 之间燃弧时间最长，绝缘连杆烧蚀最严重。三相击穿过程造成保护装置 I 母差动动作跳开运行于 I 母的 101、163、165、

169、173 开关及母联 112 开关。随后，击穿引起的高温电弧持续燃烧并发生形变和拉伸，造成动触头对静触头（Ⅱ母相连）击穿烧灼，对 GIS 罐体内壁烧灼。110 kV 母差保护装置Ⅱ母差动保护动作，跳开运行于Ⅱ母的 102、164、168 开关。

2.4　220 kV GIS 设备Ⅱ母故障分析

2.4.1　事故概况

2018 年 5 月 5 日 22 时 44 分，某 220 kV 变电站 220 kV GIS 设备Ⅱ母第一、二套母差保护动作，与Ⅱ母相连的开关跳闸，经检查 220 kV GIS 设备 264 开关间隔与 263 开关间隔之间的母线气室发生内部故障，最大差动电流 30.42 A。该 220 kV 变电站 220 kV GIS 设备型号为 ZF11-252，于 2011 年 1 月投运。

事故发生前该 220 kV 变电站运行方式为 220 kV 分列运行，220 kV 261 间隔、262 间隔、263 间隔、266 间隔、268 间隔、2 号主变 202 间隔运行于Ⅱ母，220 kV 264 间隔运行于Ⅰ母，该站一次接线如图 2-33 所示。故障前，无恶劣天气，该站内无操作、无过电压。

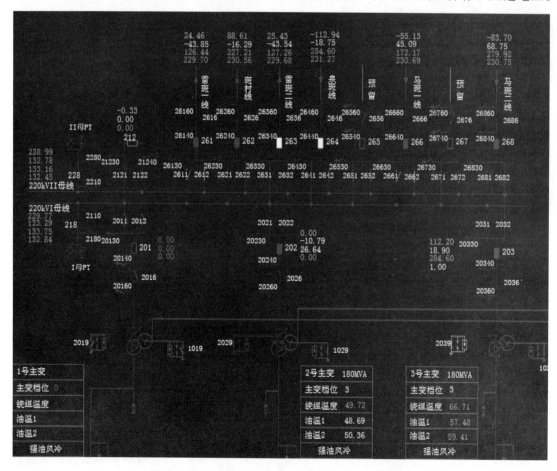

图 2-33　某 220 kV 变电站 220 kV 一次接线图

2.4.2　现场检查

2.4.2.1　一次设备检查

检修部门在事故发生后第一时间现场检查发现各气室压力均在正常范围内，一次设备外观检查无异常。

2.4.2.2　二次设备检查

根据母差保护与故障录波装置信息（见图 2-34），2018 年 05 月 05 日 22 时 44 分 39 秒 548 毫秒，220 kV1 号母差保护启动，4 ms 后判别Ⅱ母 B 相故障，变化量差动跳Ⅱ母及母联，20 ms 判别三相故障，稳态量差动跳Ⅱ母，最大差动电流 30.42 A。

2018 年 05 月 05 日 22 时 44 分 39 秒 551 毫秒，220 kV 2 号母差保护启动，18 ms 后判别Ⅱ母 B 相故障，差动动作跳母联及Ⅱ母，27 ms 后判别Ⅱ母 C 相故障，43 ms 判别Ⅱ母 A 相故障，差动动作跳母联及Ⅱ母，最大差动电流 A 相 26.75 A，B 相 24.25 A，C 相 27 A。

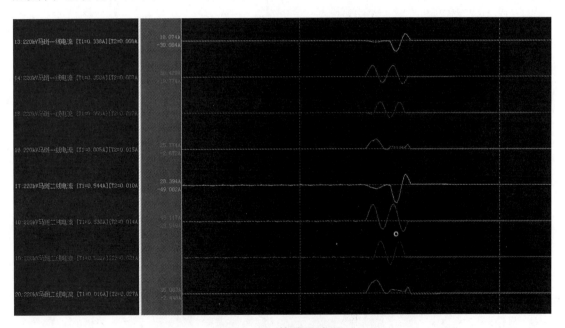

图 2-34　故障录波图

由故障录波信息可看出，2018 年 05 月 05 日 22 时 44 分 39 秒 551 毫秒，220 kV Ⅱ母 B 相发生接地故障，随后发展成 B、C 相间及三相短路接地故障，220 kV 1、2 号母差动作跳开Ⅱ母所属开关，220 kVⅡ母失压。

2.4.2.3　GIS 分解产物检测

对Ⅱ母相关气室进行 SF$_6$ 分解产物检测，发现 263、264 间隔中间的母线气室（气室总长度为 12 m）存在异常分解产物，SO$_2$ 含量大于 50 μL/L，HF 含量大于 15 μL/L，H$_2$S 未检出，该段气室自投运以来 SF₆ 压力正常，未发生漏气现象，同时对该气室相邻气室进行检测，未发现异常。因此，确定 220 kV 264 开关间隔与 263 开关间隔之间的母线气室存在故障。

2.4.3　故障气室解体

故障气室为三相共箱式，解体发现该气室内部遗留大量粉尘及支柱绝缘子碎件，开罐后可明显闻到臭鸡蛋味。其中，B 相导体支柱绝缘子已破裂，破裂的碎片散落在母线筒体内，内部碎片有明显电弧灼烧痕迹（见图 2-35）；C 相导体表面及支柱绝缘子表面有明显烧蚀痕迹（见图 2-36）；A 相导体表面有明显烧蚀痕迹、绝缘子表面无明显闪络烧蚀痕迹（见图 2-37）；母线筒体也有两处明显烧蚀痕迹（见图 2-38）。发生放电的母线筒体（长度约 2 m）内部共有 6 只支柱绝缘子，其中 B 相为垂直布置，A、C 相为水平布置。

从支柱绝缘子及导体烧蚀受损情况来看，B 相最严重，B 相支柱绝缘子已破裂，支柱绝缘子高压端金属嵌件表面被严重烧蚀，金属嵌件与环氧树脂材料已脱离，C 相支柱绝缘子和导体表面都有明显烧蚀痕迹，A 相仅导体表面有烧蚀痕迹。

图 2-35　故障后的 B 相支柱绝缘子

图 2-36　C 相支柱绝缘子及母线导体烧蚀图

图 2-37　A相导体烧蚀图

图 2-38　母线筒体烧蚀图

2.4.4　故障调查及试验分析

2.4.4.1　支柱绝缘子溯源

事故发生后，立即联系厂家要求核实和故障绝缘子（1003161616-2-10）同批次、同炉生产的支柱绝缘子编号和安装位置，但由于该站设备为 2010 年生产，厂家质量管控措施不严，已无法查到绝缘子安装位置。

2.4.4.2　试验分析

将拆下的母线筒体、导体以及 3 支支柱绝缘子（未受故障影响且远离故障的 2 支绝缘子和受故障绝缘影响的 A 相绝缘子，出厂编号分别为 0912291616-2-10、0912160101-5-19、1003201616-1-10）送往检测单位检测，其外观、尺寸、机械试验（抗弯、抗拉）、X 光探伤试验、耐压局放试验、玻璃化温度、密度测试以及填料含量测试均合格。

2.4.5　故障原因分析

故障前系统无操作、无恶裂天气、无过电压、所有保护装置及系统无异常，运行支柱绝缘子突然发生炸裂造成Ⅱ母失电，可见本次故障的原因属产品或装配质量问题。

炸裂的支柱绝缘子外表无明显闪络痕迹，内部碎片有明显电弧灼烧痕迹，属于支柱绝缘子内部绝缘击穿，在大电流作用下，该支柱绝缘子炸裂。导致该支柱绝缘子内部绝缘击穿的原因可能有：

（1）该支柱绝缘子可能存在应力集中缺陷，该支柱绝缘子在运行中长期受较大应力，加剧缺陷发展过程，导致贯穿性闪络；

（2）该支柱绝缘子内部可能存在气隙缺陷，该气隙在运行电压作用下产生局部放电信号，在局部放电累积效应下进一步加剧该缺陷，导致贯穿性闪络；

（3）该支柱绝缘子金属嵌件和环氧树脂脱离，可能是真空浇筑、固化工艺过程中工艺控制不良，导致金属嵌件与环氧树脂间结合力度不够，在装配未紧固到位时，GIS 振动作用下绝缘子金属嵌件与环氧树脂间产生气隙并发生局部放电，在振动恶性循环作用下，加剧放电最终导致贯穿性闪络。

第3章 断路器典型案例分析与处理

3.1 断路器重合闸不成功原因分析与故障处理

3.1.1 故障概况

2020 年 8 月 23 日 3 时 28 分 50 秒，某 220 kV 变电站 262 间隔线路发生 C 相瞬时性接地故障，262 开关 1、2 号保护纵联差动保护分别动作跳开 C 相开关，跳开后操作箱 C 相无跳位，且监控报控制回路断线；1 s 后 262 开关 1、2 号保护重合闸动作出口，重合 C 相开关，重合未成功（对侧开关重合成功）。4.3 s 后机构三相不一致动作，跳开 262 A 和 B 相开关。

该断路器型号为 LTB245E1，2010 年 11 月出厂，2012 年 4 月投运，配 BLK222 卷簧机构。

3.1.2 检查情况

3.1.2.1 1号保护动作过程

3 时 28 分 50 秒 306 毫秒，保护装置启动。15 ms 后纵联差动保护与分相差动保护动作，跳开 C 相开关。故障电流 17.38 A，满足差动保护动作条件。68 ms 后，单跳启动重合闸（保护启动重合闸），1 069 ms 后，重合闸动作，重合 C 相开关，但由于 C 相控制回路断线，合闸回路异常，重合 C 相失败。

由于操作箱 C 相无跳位，保护装置 TWJC 未收到，且根据录波文件，C 相跳闸后零负序电流很小，约为 0.2 A（见图 3-1），小于三相不一致零负序电流定值，故保护三相不一致未启动。约 4.3 s 后机构三相不一致动作跳开 A、B 相开关后，装置收到 TWJA、TWJB 开入信号，此时三相不一致保护启动（见图 3-2）。

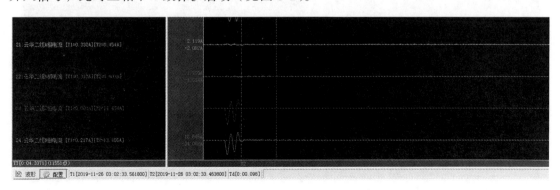

图 3-1 录波文件

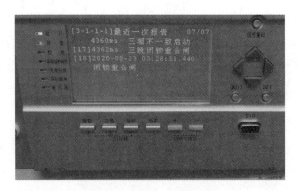

图 3-2　三相不一致启动

3.1.2.2　2 号保护动作过程

3 时 28 分 50 秒 310 毫秒，保护装置启动。8 ms 后工频变化量保护动作，9 ms 后纵联差动保护动作，18 ms 后接地距离 I 段动作，跳开 C 相开关。故障电流 17.52 A，满足差动保护动作条件。68 ms 后，单跳启动重合闸（保护启动重合闸），1 069 ms 后，重合闸动作，重合 C 相开关，但由于 C 相控制回路断线，合闸回路异常，重合 C 相失败。

3.1.2.3　开关动作过程

故障发生后，1、2 号保护差动动作跳开 C 相开关。从录波文件中可以看出此时 C 相合位消失，但跳位一直没出现，如图 3-3 所示。1 s 后保护重合闸动作，从录波文件中可看出 C 相开关合位未出现（见图 3-3），故 C 相合闸失败。4.3 s 后机构三相不一致动作，A、B 相跳开，但 C 相跳位一直未出现，如图 3-4 所示。

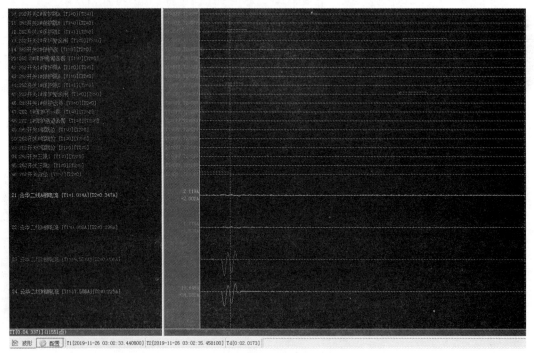

图 3-3　开关动作情况

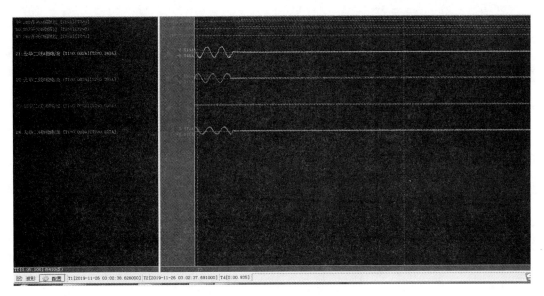

图 3-4　重合闸后开关动作情况

3.1.2.4　回路检查情况

262 断路器 C 相在分闸时，检查其合闸回路，发现储能继电器接点不通（已储能），合闸控制回路断线。

3.1.3　原因分析

3.1.3.1　LTB245E1-BLK222 断路器控制回路原理

1．合闸回路

K3 为防跳继电器、K9 为 SF_6 密度继电器、K13 为储能继电器、BG1 为断路器辅助开关，如图 3-5 所示。

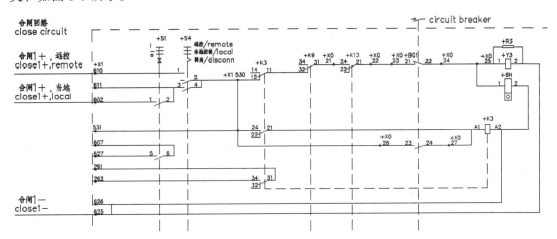

图 3-5　合闸回路（分闸位置、额定气压、弹簧未储能）

逻辑：断路器在分闸状态下，BG1 断路器辅助开关为闭接点、K9 继电器为闭接点，K3 不得电，防跳为常闭接点。因弹簧未储能，K13 不得电，接入的常开接点 21-22 不导通，合闸回路不通。

2．储能回路

BW1、BW2 为储能限位开关，Y7 为储能手动/电动选择开关，Q1、Q2 为储能回路接触器，K12、K13 为继电器，如图 3-6 所示。

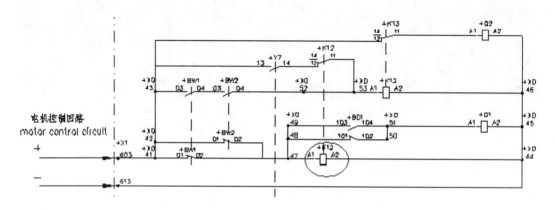

图 3-6　储能回路（分闸状态、未储能、手动）

逻辑：电机转动储能的前提条件为接触器 Q1、Q2 线包同时启动，其电机回路的常开接点（Q1:1-2、3-4、5-6；Q2:1-2、3-4、5-6）才会导通。其中 Q1 线包得电只需 BW2（储能位置开关）01-02 接点导通，Q1 即得电（BG1 为断路器辅助开关、分合闸位置不影响）。Q2 线包回路中，K13（11-22）常闭接点，直接得电。电机储能完成后，BW1（01-02）、BW2（01-02）断开，Q1 失电，BW1（03-04）、BW2（03-04）闭合，K13 的动作，K13 的 11-22 接点断开，Q2 失电。

3.1.3.2　继电器解体检查

K13 储能继电器型号为 JZY1-43K。将继电器拆除后，用一字改刀用力顶压吸合凸齿，明显感觉内部卡涩严重。线圈电阻值达到 0.5 MΩ，内部线圈已损坏，且外部塑胶已受热变形，导致线圈铁心卡涩。

另该继电器线圈有两根外置的胶质线，其作用是固定线圈防止抖动移位。该胶质线设置压接不规范，压接开口仅开半圆，两根线均从一个孔穿出，导致线圈受力不均，未起到固定线圈的作用，如图 3-7 所示。

断路器分合闸、储能过程中，继电器得电，线圈抖动发生位移，铁心行程不够，吸合不到位，长时间带电引起发热，劣化后塑胶变形，挡住铁心无法吸合到位，接点无法正常动作。

图 3-7 胶质线压接不规范

3.1.3.3 原因分析

在上一次断路器合闸过程中，弹簧正常完成储能（储能只受限位开关 BW1、BW2 影响，K13 接的常闭接点）。K13 线包得电，但此时 K13 卡涩，继电器未动作，故障跳开断路器 C 相后，因合闸控制回路 K13 继电器 21-24 接点不通，报控制回路断线，重合闸不成功。机构三相不一致动作，跳开 A、B 相断路器。

更换储能继电器后对开关进行传动，C 相开关恢复正常分合闸。同时，针对机构三相不一致进行多次传动试验，动作时间正常。在故障时由于接点抖动可能导致机构三相不一致，时间继电器重新计时，延时 4.3 s 后机构三相不一致动作。

3.2 断路器 CT20 机构合闸凸轮断裂情况分析

3.2.1 情况概述

2019 年 9 月 5 日按照计划对某 220 kV 变电站 220 kV 母联 223 开关 CT20 机构开展隐患整治工作，发现机构储能时有异响，检查发现合闸凸轮半边断裂脱落。9 月 6 日对损坏的合闸凸轮进行更换，调整弹簧后机械特性数据合格。

该间隔断路器 2013 年 1 月生产，于 2015 年 12 月投运。开关配置弹簧操作机构，GIS 型号为 ZF9C-252（L），机构型号为 CT20-IV。

3.2.2 事故过程

9 月 5 日检修人员对断路器进行分合闸 30 次，摸底断路器是否存在因弹簧疲软引起断路器储能电机空转及无法分合闸情况，30 次就地分合闸操作断路器无异常。对断路器进行机械特性试验，检查分合闸时间及动作是否在正常范围内，数据如表 3-1 所示，因该断路器分闸速度及合闸弹簧压缩量不满足厂家标准，需对弹簧进行调整。

表 3-1　断路器调整前摸底数据

相序	合闸时间/ms	合闸速度/（m/s）	分闸时间/ms	分闸速度/（m/s）	合闸弹簧压缩量/mm	分闸弹簧压缩量/mm
A	91.5	3.31	28.2	7.12	20	56
B	89.0	3.58	26.0	7.38	28	56
C	87.3	3.59	27.2	7.35	15	57
不同期	4.2	—	2.2	—	—	—

标准：合闸速度：2.9～3.6 m/s，时间：80～110 ms；分闸速度 7.2～8.0 m/s，时间：21～30 ms。
　　　合闸弹簧压缩 15～40 mm，分闸弹簧压缩（60±5）mm。分闸同期：≤3 ms，合闸同期：≤4 ms。

　　技术人员调整分合闸弹簧压缩量后，再次进行机械特性试验，断路器在分位，合上操作电源及储能空开后，电机开始储能，此时听见储能机构有异响，三相合闸弹簧已储能到位，检查时发现 C 相合闸凸轮断裂并掉在合闸拉杆上，如图 3-8 所示。通过撞击合闸顶针对合闸弹簧进行释能，断路器仍处于分闸位置，说明机构合闸凸轮损坏后已无法完成合闸。

图 3-8　C 相合闸凸轮断裂

　　解体后发现机构主拐臂六方轴孔与滚轮轴孔之间存在严重的摩擦损坏，如图 3-9 所示。

（a）机构主拐臂　　　　　　　　　　　（b）拐臂磨损位置

图 3-9　机构主拐臂

图 3-10　完好合闸凸轮与断裂的合闸凸轮

机构解体后更换合闸凸轮，并调整弹簧压缩量后，各相数据合格。

3.2.3　故障原因分析

CT20 机构合闸机构原理如图 3-11 所示，当开关处于分闸位置，且合闸弹簧已储能时，其合闸过程为：合闸信号使合闸线圈带电，合闸撞杆撞击合闸触发器，释放合闸弹簧储能保持掣子逆时针方向旋转，合闸弹簧力使棘轮带动合闸凸轮轴以逆时针方向旋转，"背靠背"撞击挂拐臂上的滚轮，使主拐臂以顺时针旋转，断路器完成合闸。

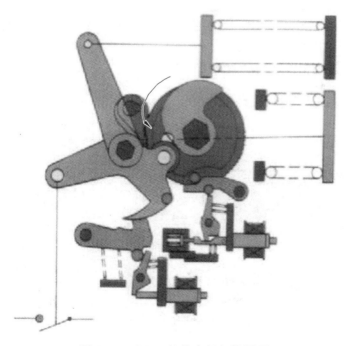

图 3-11　CT20 机构合闸机构原理
（分闸位置、合闸弹簧已储能）

正常情况下，凸轮与拐臂滚轮撞击点位于凸轮圆弧面，因此凸轮断裂的原因可能有：

（1）合闸凸轮材质不合格，合闸凸轮撞击时，凸轮材质脆性过大导致断裂。

（2）凸轮内部有气孔或杂质颗粒等存在，造成凸轮内部应力集中，在冲击力作用下发生断裂。

（3）机构装配出厂时不合格，凸轮或拐臂装配时有松动，机构在合闸操作时因装配松动，凸轮与拐臂撞击时未完全通过凸轮背部圆弧面推动拐臂，而是通过凸轮尖端主要受力推动拐臂，同时与槽间存在摩擦（现场也发现凸轮端部有明显的磨损痕迹，如图 3-12 所示）。

图 3-12　凸轮端部磨损

（4）机构凸轮与拐臂之间的间隙配合不到位，如图 3-13 所示，凸轮间隙过小，引起合闸不到位；凸轮间隙过大，操作冲击大，合闸速度会偏高，间隙配合不到位，分闸操作时，拐臂圆轮与合闸凸轮存在摩擦，受力撞击时导致断裂。

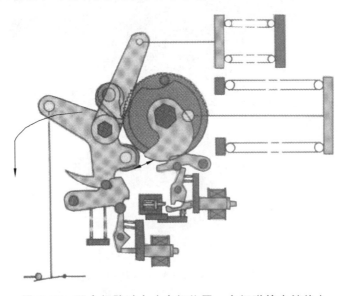

图 3-13　配合间隙过大（合闸位置、合闸弹簧未储能）

3.3 气动断路器拒分缺陷分析与处理

3.3.1 情况概述

2020 年 7 月 10 日，某 110 kV 变电站在恢复 1 号主变送电过程中，遥控分闸 130 开关时，断路器拒分。

该 110 kV 变电站为 GIS 设备，其型号为 ZF6-110，1999 年 1 月生产，于 2000 年 4 月投运。该站 110 kV 系统为单母分段内桥接线，故障前 110 kV 181 线路为主供电源，110 kV 182 线路为备用电源，内桥 130 开关为合闸状态，其一次接线如图 3-14 所示。

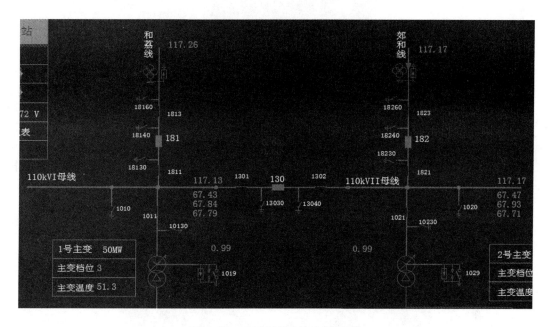

图 3-14   110 kV 系统主接线图

2020 年 7 月 9 日，停电检修 1 号主变 901 开关柜内部放电缺陷。停电操作过程中 130 开关正常分合闸。7 月 10 日 5 时左右，完成 901 开关柜缺陷处理，恢复原供电方式，130 开关出现拒分缺陷。

3.3.2 现场检查情况

拒分缺陷出现后，检查断路器储气罐压力、SF$_6$ 压力值、机构分合闸线圈及外观，均无异常。后台无异常信号，远方分闸操作两次，无断路器位置变化信号，现场检查断路器在合闸位置。

检修人员到站后再次申请远方分闸操作，断路器分闸后，又立即恢复至合闸位置，通过视频慢放，发现该断路器绝缘拉杆分闸行程不足（红色为正常行程终点位置，黑色为缺陷时行程终点位置），如图 3-15 所示，机构合闸掣子（分闸保持掣子）未正常复归，分闸状态无法保持，初步判定为断路器机构（一次）缺陷。

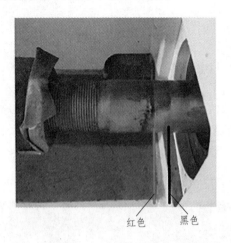

红色　黑色

图 3-15　断路器拉杆位置

　　该断路器气动机构由工作缸、分合闸掣子、一二级阀、主阀、合闸弹簧、缓冲器等元件组成，检修人员依次进行检查排除。首先用内窥镜对工作缸内部进行检查，发现工作缸底部有异物存在，如图 3-16 所示，且异物轻易能够拨动，异物取出后发现为二次线号头，之后就地进行分闸操作，断路器现象如常，分闸不能保持，分闸后立即合闸。

图 3-16　工作缸内部异物

　　经过调整合闸掣子复位弹簧后，再次进行分闸操作，断路器现象如常，分闸后立即合闸。

　　检修人员对分闸掣子进行解体检修，拆除二级阀到储压筒之间连管时，发现一根长约 30 cm、横截面积 1.5 mm^2 的胶质线，一端卡在二级阀体处，另一端在储气筒至二级阀气管内，如图 3-17 所示。

（a）胶质线赌在二级阀口处

（b）胶质线应处于尾端微渗漏点处

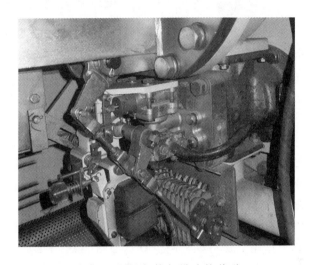
（c）二级阀与储气罐连接管道

图 3-17　胶质线异常堵塞二级阀口

　　该胶质线的主要作用是在储气罐外接管道尾端设置一个微渗漏点，保持储气罐内气体流通，防止断路器长时间不动作，低温条件下空气凝露结冰。胶质线正确的位置应处于尾端扩张器内，一端与内部储气罐连通，另一端与外界空气连通，通过胶质线内部的微小气隙，达到设置微渗漏的作用。

　　取出胶质线后，将微渗漏结构全封闭，恢复气管，断路器分合闸正常，重复就地分合5 次均未见异常，低电压、时间特性试验合格，远方操作正常。

3.3.3　故障原因分析

　　气动机构由工作缸、合闸连杆机构、分闸连杆机构、主阀、电磁阀、合闸弹簧、缓冲器、辅助开关等主要部件组成，如图 3-18 所示。

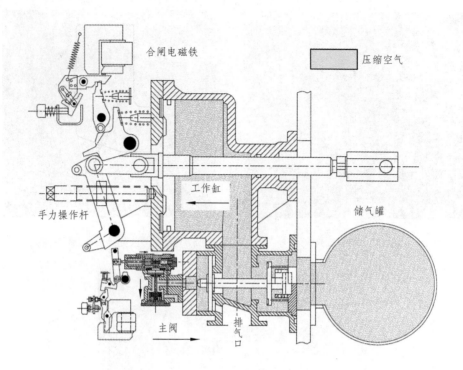

图 3-18　气动机构机构图（分闸位置）

当分闸线圈得电时，衔铁的吸引力使连杆被释放，由于弹簧的作用，一级阀杆向右运动，打开一级阀口，压缩气体进入二级阀，使二级阀杆受力向下运动，打开二级阀口，同时将排气口封闭，压缩气体进入主阀腔，打开主阀。储气罐的压缩气体通过主阀进入工作缸，推动主活塞杆动作完成分闸操作，同时也对合闸弹簧进行压缩储能，此时活塞杆受到分闸保持掣子及合闸掣子作用，保持在分闸位置。如图 3-19 所示。

合闸电磁铁受电，打开合闸掣子，使分闸保持掣子脱开，活塞杆受到合闸弹簧力的作用向合闸方向运动，至合闸结束。

通过气动机构分合闸原理分析，可以确定此次断路器拒分故障，是由于扩张器内的胶质软线脱落，进入二级阀腔体内，使二级阀杆动作时排气口不能有效封闭，造成断路器在分闸操作时，作用于阀杆端面的气体压强减弱，主阀动作不到位，从而使工作缸内活塞杆由于气压不足无法有效动作到位，分闸无法保持，此时受合闸弹簧力作用，断路器立即进行自动机械合闸动作，致使断路器无法正常分闸。

而扩张器内胶质软线是因其垫片铆接不够规范，故在长期动作震动力及高气压冲击振动下出现脱落，最终引起分闸动作异常的故障。

当系统发生故障时，如该站断路器存在上述故障，可能造成以下严重后果：

（1）若线路或母线发生永久性短路故障，相应的主保护动作，跳开对应隐患断路器。若该断路器无法有效分闸，且断路器在分闸—合闸过程中电弧未熄灭，则主保护会一直动作出口，跳闸命令不返回，造成断路器不停地进行分合闸，直到线路上一级开关后备保护动作切除故障。整个过程不仅对一次设备冲击较大，而且使继电保护发生越级动作，扩大停电范围。

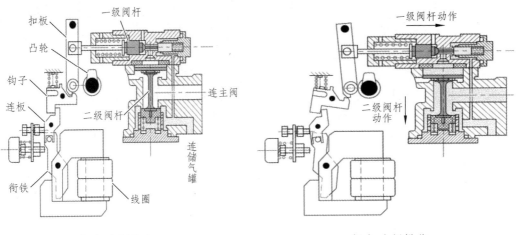

（a）合闸状态　　　　　　　　　　　（b）分闸操作

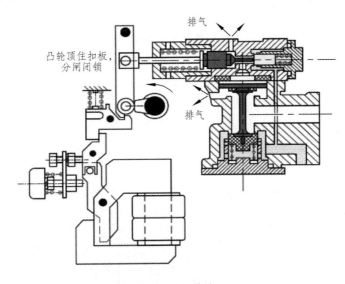

（c）分闸状态

图 3-19　分合闸动作过程

（2）若线路或母线发生永久性短路故障，相应的主保护动作，跳开对应隐患断路器。若该断路器无法有效分闸，且断路器在分闸—合闸过程中电弧已熄灭，则主保护在断路器分闸时保护动作返回，但断路器合闸于故障后，保护重新动作出口，造成断路器不停地进行分合闸，且因电弧熄灭，上一级开关后备保护不会启动。如此反复，直到隐患断路器被电弧击穿后，上一级开关后备保护才能正常动作，切除故障点。整个过程由于上级开关后备保护不能按时动作，故障持续时间更长，直至一次设备损坏。

（3）若线路发生故障，上一级线路保护动作跳开开关，本站备自投动作于该隐患断路器但未能有效分闸，将会造成备用电源无法合闸，导致全站失压。

3.4　断路器合后即分缺陷分析与处理

3.4.1　情况概述

2020 年 12 月 19 日 20 时 28 分，某 220 kV 变电站某间隔 C 相线路发生单相接地故障，保护装置正确动作跳开 C 相断路器，C 相重合闸后因故未消失，加速动作跳开 A、B、C 三相断路器。20 日凌晨 1 时左右，线路故障消除，试送电时该间隔 C 相断路器合后即分，三相不一致动作，跳开 A、B 两相断路器，送电不成功。

该断路器型号为 LTBE245E1（机构型号为 BLK222），2011 年 12 月出厂，于 2014 年 12 月投运。

3.4.2　现场故障录波

现场故障录波图形如图 3-20 所示。1 号保护动作情况为：1 号保护（PCS-931）2020 年 12 月 19 日 20 时 28 分 04 秒 095 毫秒，保护启动，10 ms 纵联差动保护、工频变化量距离保护动作，29 ms 接地距离 Ⅰ 段动作出口跳开 C 相，1 071 ms 重合闸动作出口，C 相重合成功，1 113 ms 纵差、距离加速、距离 Ⅰ 段动作出口跳三相。故障相 C 相，故障电流 31.93 A，故障测距 2.5 km。2 号保护（CSC-101B/E）2020 年 12 月 19 日 20 时 28 分 04 秒 095 毫秒，保护启动，19 ms 纵联保护动作，27 ms 接地距离 Ⅰ 段动作出口跳 C 相，1 087 ms 重合闸动作出口，C 相重合成功，1 144 ms 距离加速动作跳开三相。故障相 C 相，故障电流 33.25 A，故障测距 3.766 km。

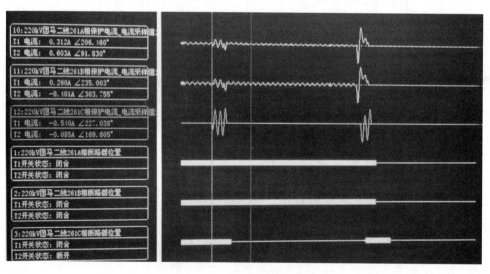

图 3-20　线路故障录波

20 日凌晨 1 时 17 分，线路故障处理完成，对该线路试送电，该断路器 C 相合后即分，A 相和 B 相正常合闸，约 2.5 s 后三相不一致动作跳开 A、B 两相，开关动作情况如图 3-21 所示，整个过程无故障电流。

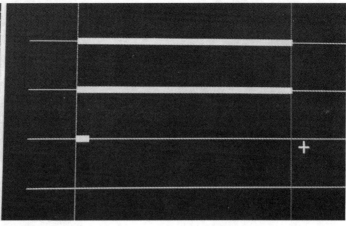

图 3-21 开关位置

3.4.3 现场检修及处理

凌晨 3 时 40 分，检修人员到站，断路器 A、B、C 三相在分闸位置。为重现故障，检修人员申请分合断路器 4 次，出现 C 相合后即分现象 2 次。现场检查断路器机构内部拐臂、分闸缓冲器、分合闸掣子无明显变形损坏；二次元器件无烧损现象，二次线无松动；断路器在分闸位置时，合闸回路为通路。因此，初步判定该缺陷可能是机构上的缺陷，且合闸位置无法保持，大概率为分闸掣子导致。

3.4.4 机构原理

LTB245E1-1P 型断路器配置的操作机构为 BLK222 型，为弹簧操作机构，如图 3-22、图 3-23 所示。合闸操作时，合闸线圈释放合闸掣子 4 即可立即关合断路器。

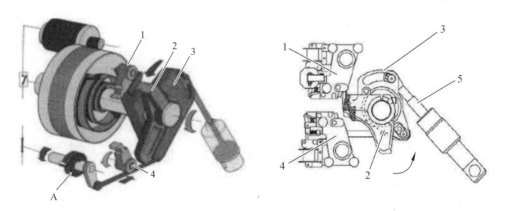

1—分闸掣子；2—合闸拐臂；3—分闸拐臂；4—合闸掣子；5—缓冲器。

图 3-22 机构示意图

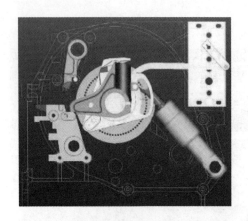
（a）合闸初始位置

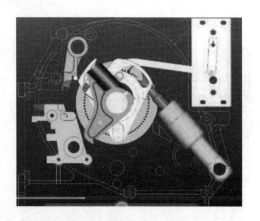
（b）合闸过程中

（c）分闸拐臂运动终止

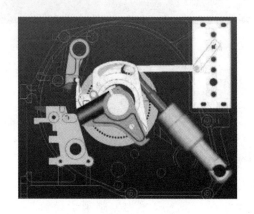
（d）合闸操作完成

图 3-23　合闸过程

合闸拐臂 2 带动分闸拐臂 3 逆时针旋转至合闸位置，同时将分闸弹簧 A 储能。在合闸过程中由于分闸拐臂 3 与合闸拐臂 2 为偏心结构设计，当分闸拐臂 3 越过分闸掣子 1 时，合闸拐臂 2 与分闸拐臂 3 脱离，分闸拐臂在运动惯性和分闸弹簧的作用下做逆时针减速旋转运动然后顺时针加速运动，以一定的能量（速度）撞击分闸掣子并被分闸掣子锁住，完成断路器的合闸操作，合闸拐臂则自由运动返回到初始位置。

3.4.5　合后即分现象观察

断路器机构动作时间短，肉眼很难分辨出运动过程中出现的异常，现场对该相断路器进行机械操作试验的同时，利用高速摄像机对操作机构进行拍摄，当操作到第 7 次和第 9 次时捕捉到了断路器合后即分的状况，可以明显看出因分闸拐臂与分闸掣子无法锁定，如图 3-24 所示，导致合闸无法保持，随即现场更换三相的分闸掣子。

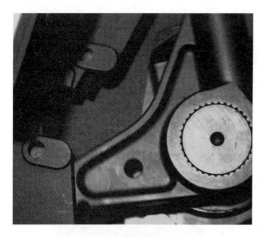

（a）合闸开始

（b）合闸拐臂带动分闸拐臂顺时针运动

（c）分闸拐臂运动到合闸行程末端

（d）分闸拐臂被分闸掣子锁定在合闸位置

（e）分闸拐臂与分闸掣子失去锁定

（f）合闸未保持住即出现合后即分现象

图 3-24　第 9 次合后即分动作情况

3.4.6　分闸掣子检查

新、旧掣子锁杆恢复弹簧及舌片恢复弹簧比较如图 3-25 所示。从图中可看出，目前分闸掣子的锁杆恢复弹簧及舌片恢复弹簧已更换为新式弹簧。

图 3-25　新（左）、旧（右）锁杆恢复弹簧和舌片恢复弹簧比较

经测量旧锁杆恢复弹簧的直径均值为 0.88 mm，新锁杆恢复弹簧的直径均值为 1.17 mm；旧舌片恢复弹簧直径均值为 0.74 mm，新舌片恢复弹簧直径均值为 0.88 mm。

3.4.7　原因分析

该断路器合后即分缺陷原因为：分闸掣子自身存在质量问题，分闸掣子传动系统复位不灵发生卡涩、个别掣子弹簧零件性能降低，导致掣子抗冲击能力减弱，当合闸操作处于极限状态时，分闸掣子无法锁住分闸拐臂发生合后即分的现象。

第4章 互感器典型案例分析与处理

4.1 特殊结构的 110 kV CVT 故障诊断与分析

电容式电压互感器(Capacitor Voltage Transformer, CVT)由电容单元和电磁单元组成，电容单元由主电容和分压电容构成，其将一次高电压分压到一个中间电压，电磁单元实则为一个变压器，进一步将中间电压降低到供继保、计量及测量等回路使用的二次电压。与电磁式电压互感器相比，CVT 具有绝缘性能好、耐压水平高、不易与断路器断口电容产生谐振等优点，在电网系统得到广泛应用。

目前，电网系统中常用的 CVT 结构如图 4-1 所示，图中，C_1 为高压电容，C_2 为分压电容，T 为中间变压器，L 为补偿电抗器，BL 为（保护装置）避雷器，1a1n、2a2n、dadn 二次绕组。

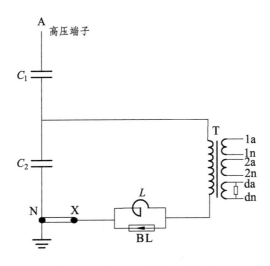

图 4-1 常见 CVT 结构原理图

然而在目前的电网系统中，还有部分特殊结构的 CVT，其结构原理如图 4-2 所示，该种 CVT 结构极为少见，一般投运时间较长的老旧 CVT 属于该种结构，与常规 CVT 相比，这种老旧 CVT 结构的最大区别在于其保护装置（避雷器）与中间变压器并联。

调研发现，CVT 在运行中曾发生过多次故障，例如电容分压单元内部个别串联电容器击穿、电容单元受潮、电磁单元匝间损坏等。本案例分析了一起特殊结构 CVT 二次电压为 0 V 的异常故障，可供该类老式结构 CVT 的运维单位参考。

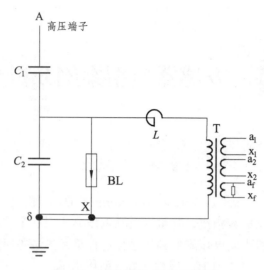

图 4-2　特殊结构 CVT 原理图

4.1.1　故障特征

2017 年，发现某站 110 kV Ⅰ 母 B 相 CVT 二次电压输出为 0 V，高压专业人员遂对其开展诊断试验，该 CVT 铭牌参数如表 4-1 所示。

表 4-1　CVT 铭牌

型　号		$CVT110/\sqrt{3}$ -0.02H	
额定一次电压/kV	$110/\sqrt{3}$	绝缘水平/kV	185/450
额定二次电压 a_1x_1/V	$100/\sqrt{3}$	额定输出/V・A	150
额定二次电压 a_2x_2/V	$100/\sqrt{3}$	额定输出/V・A	100
剩余绕组电压 a_fx_f/V	100	额定输出/V・A	50
额定中间开路电压/kV	20	铭牌电容/nF	20.78
生产日期		1 999.09	

由于 CVT 铭牌显示额定中间开路电压为 20 kV，所以根据 110 kV CVT 电容 C_1、C_2 分压原理可知，CVT 电容单元分压比为 $K = 20 \text{ kV}/(110/\sqrt{3} \text{ kV}) = 0.315$，第一个绕组 a_1x_1 的变比为 $K_1 = (110/\sqrt{3} \text{ kV})/(100/\sqrt{3} \text{ V}) = 1\ 100$，第二个绕组 a_2x_2 的变比为 $K_2 = (110/\sqrt{3} \text{ kV})/(100/\sqrt{3} \text{ V}) = 1\ 100$，剩余绕组 a_fx_f 变比为 $K_3 = (110/\sqrt{3} \text{ kV})/(100 \text{ V}) = 635$。同理，根据铭牌参数中的额定中间开路 20 kV 及各二次绕组输出电压，可以算出中间变压器的理论变比，$K_{a_1x_1} = 20 \text{ kV}/(100/\sqrt{3} \text{ V}) = 346.5$，$K_{a_2x_2} = 346.5$，$K_{a_fx_f} = 200$。

4.1.1.1　正接法测试

如图 4-3 所示为正接法测试 CVT 的介质损耗及电容量的接线示意图，由于 X 端已经悬空，二次绕组接线也一并解开，因此整个电磁单元未接入测试回路，电磁单元对电容单元的电容量和介损值影响不大。

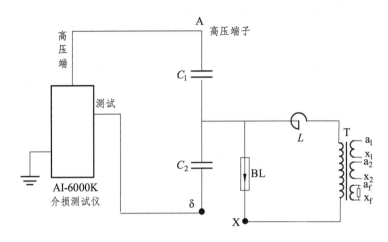

图 4-3　正接法测量 CVT 介损及电容量

表 4-2　历次例行及诊断试验介损及电容量试验数据

测试时间	C_x/nF	$\tan\delta$/%
2003.06	20.31	0.098
2007.10	20.33	0.101
2010.01	20.36	0.095
2017.06	21.14	0.12

　　如表 4-2 所示为该 CVT 历次例行试验介损和电容量数据，以及此次诊断的试验数据，从表中可以看出，正接法测得的整体电容量与铭牌电容量初值差为（21.14 − 20.78）÷21.14×100 = 1.7%，根据《输变电设备状态检修试验规程》(DL/T 393—2010)，电容式电压互感器电容量初值差不超过 ±2%（警示值），该 CVT 电容量初值差满足规程要求；诊断时，但介损纵向变化增量明显，为（0.001 2 − 0.000 95）÷0.000 95×100 = 26.3%。

4.1.1.2　自激法介损及电容量测试

　　如图 4-4 所示为自激法测量 CVT 介损及电容量的原理图，试验通过从 CVT 二次端 a_f 和 x_f 的低压反向升压而获得试验高电压（受 δ 端子的绝缘水平限制，通常选择 2 kV 或 2.5 kV），并完成参数测试，试验数据如表 4-3 所示。

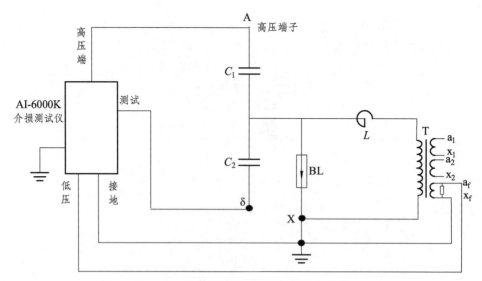

图 4-4 自激法测量 CVT 介损及电容量

表 4-3 自激法测试 CVT 介损及电容量数据

测试方式	电 容		介损 $\tan\delta$/%	
	C_1	C_2	$\tan\delta_1$	$\tan\delta_2$
自激法	65.1 nF	—	0.08	2.4

测试结果显示上节电容量及介损变化不显著，下节不能测试出电容量值，且介损测试结果超标。

4.1.1.3 变比测试

首先，采用 AI-6000K 介损测试仪测量 CVT 的变比，其试验原理图如图 4-5 所示。AI-6000K 输出试验电压为 10 kV，一次加压端子为 A，δ 端和 X 端短路接地，保持与运行状态一致。

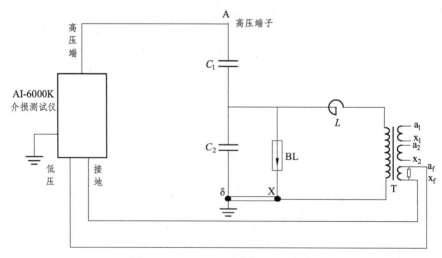

图 4-5 AI-6000K 测试 CVT 变比

如表 4-4 所示为 AI-6000K 介损测试仪测得的 CVT 变比数据，从表中可以看出该测试方法测得的变比数据严重偏离实际，和铭牌变比相差甚远。

表 4-4 AI-6000K 介损测试仪测试 CVT 变比

二次端子	变比
a_1x_1	14 000
a_2x_2	14 000
a_fx_f	8 100

再采用 HS1000B 互感器变比测试仪测试该 CVT 变比，该仪器有两种测试方式：

（1）仪器输出电压为 10 V，一次接线端子为 A 和 δ，CVT 一次尾端 δ 与中间变压器尾端 X 短接，如图 4-6 所示，变比数据如表 4-5 所示。

（2）解开 X、δ 之间的短接连片，设置仪器输出电压为 10 V，一次接线端子为 X 和 δ，上节分压器高压接线端 A 悬空，如图 4-7 所示，变比数据如表 4-6 所示。

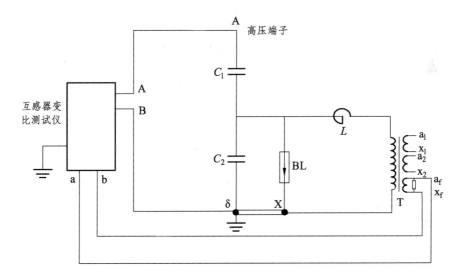

图 4-6 互感器测试仪测试 CVT 变比（一次端子为 A 和 δ）

表 4-5 互感器变比测试测量 CVT 变比（一次端子为 A 和 δ）

二次端子	测试变比	额定变比	误差/%
a_1x_1	1 149	1 100	4.5
a_2x_2	1 154	1 100	4.9
a_fx_f	666	635	4.9

从表 4-5 中可以看出，互感器变比测试测得的 CVT 变比与铭牌值相近，但仍存在较大的误差，3 组二次绕组的变比误差均超过 4.5%。

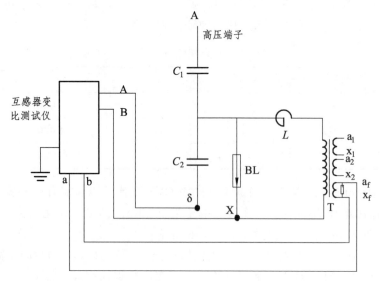

图 4-7   互感器测试仪测量 CVT 变比（一次端子为 X 和 δ）

表 4-6   互感器变比测试测量 CVT 变比（一次端子为 X 和 δ）

二次端子	测试变比	计算变比	误差/%
a_1x_1	347.42	346.5	0.27
a_2x_2	347.49	346.5	0.27
a_fx_f	201.57	200	0.79

从图 4-7 可以看出，该测试原理图实际测量的是 CVT 中间变压器的变比，其测试值与理论计算值误差均小于 1%，如表 4-6 所示，因此可以认为 CVT 中间变压器无异常。

油化班对该 CVT 绝缘油进行检验，各项数据正常。

4.1.2   解体处理

2017 年 8 月，检修人员对 CVT 进行了解体，试验人员对该 CVT 进行分项试验。

解体后，采用容值表分别对 CVT 的 C_1 和 C_2 进行测试，如表 4-7 所示，发现 CVT 总的电容量与铭牌值误差为 – 1.8%，小于 Q/GDW 1168-2013 对 CVT 电容量初值差警示值小于 ±2% 的要求。且根据测得的 C_1 和 C_2 值，可以计算出电容分压比为 $K_2 = 29.8/（29.8 + 64.7）= 0.315$，与根据铭牌给定的额定中间开路电压计算的分压比 K_1 一致。因此，可以判断该 CVT 的主电容和分压电容无异常。

表 4-7   解体后 C_1 和 C_2 的电容量

C_1/nF	C_2/nF	$C_总$/nF	$C_{铭牌值}$/nF	初值差/%
29.8	64.7	20.4	20.78	– 1.8%

表 4-8 解体后中间变压器的变比

二次端子	测试变比	理论计算变比	误差/%
a_1x_1	345.40	346.5	− 0.32
a_2x_2	345.97	346.5	− 0.15
a_fx_f	199.59	200	− 0.21

如表 4-8 所示为中间变压器测试变比与理论计算变比的误差分析，其各绕组的误差值均小于 0.5%，满足要求，因此中间变压器也无异常。

测试避雷器直流参考电压，U_{1mA} 为 0.95 kV，$I_{0.75U_{1mA}}$ 为 10 μA。经咨询厂家，该 CVT 内部避雷器的直流 1 mA 参考电压在 25.6 ~ 25.8 kV 之间，然而对避雷器进行测试时却发现其直流 1 mA 参考电压仅仅为 0.95 kV，同时，2 500 V 摇表无法测出其绝缘电阻，因此，可以确认是避雷器发生故障。对该避雷器进行解体，目测避雷器内部大部分（17 片）阀片已被击穿，仅 2 片可能仍保持有绝缘性能，如图 4-8 所示。

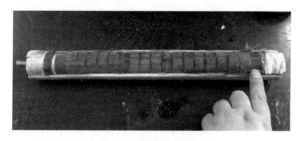

图 4-8 避雷器解体图

由 CVT 内部接线图（图 4-2）可知，该避雷器与中间变压器并联，在运行电压下，如避雷器完好且保证有足够的绝缘性能，CVT 额定中间开路电压为 20 kV，中间变压器一次侧电压亦为 20 kV，CVT 正常工作；然而当避雷器阀片被击穿后，整支避雷器的绝缘将大大降低甚至彻底失效，所以在避雷器处形成一条通路，使中间变压器一次侧两端处于近似短路状态，电压降为 0 V，所以 CVT 在运行状态下检测到的二次输出电压为 0 V。

4.1.3 分析与讨论

如图 4-3 所示为采用正接法测试 CVT 的介损及电容量的接线示意图，由于 X 端已经悬空，避雷器未接入测试回路，所以避雷器的优劣对电容量和介损值影响不大。

采用自激法（如图 4-4 所示）测量 CVT 介损及电容量，试验通过从 CVT 二次端 a_f 和 x_f 的低压反向升压而获得试验高电压（受 δ 端子的绝缘水平限制，通常选择 2 kV 或 2.5 kV），并完成参数测试。当避雷器完好无损时，绝缘电阻很大，相当于断路，流过的电流非常小，对电容量及介损的影响甚微；但是当避雷器受到损坏时，流过的电流大小不能忽略，否则影响电容 C_1、C_2 的电容量测量和介损测试，导致测试数据异常。中间变压器一般都具有较大的励磁阻抗，根据避雷器参考电压测试值可知，避雷器 $U_{1\,\text{mA}}$ 电压下的直流电阻为

$$R_{\text{BL}} = 0.95 \text{ kV}/1 \text{ mA} = 950 \text{ k}\Omega$$

根据 C_1、C_2 值可分别计算出其容抗为

$$X_{C_1} = 1/(\omega C) = 1/(314 \times 29.8 \times 10^{-9}) = 107 \text{ k}\Omega$$

$$X_{C_2} = 1/(\omega C) = 1/(314 \times 64.7 \times 10^{-9}) = 49 \text{ k}\Omega$$

首先分析采用 AI-6000K 介损测试仪测量 CVT 介损时（如图 4-5 所示），从 AI-6000K 介损测试仪高压端输出的电压为 10 kV，因为 CVT 电容单元的分压比 $K = 0.315$，因此此时 CVT 中间开路电压为 3.15 kV，中间变压器一次侧的电压也为 3.15 kV，然而，并联避雷器的直流参考电压仅为 0.95 kV，由于阀片的非线性特性，避雷器两端电压升高时，其绝缘电阻也会非线性降低，因此，3.15 kV 的开路电压完全能导致避雷器阀片形成低阻通路，导致中间变压器一次侧输出电压大大降低，从而检测到的二次端电压降低，所以此时测得的 CVT 变比异常偏大，如表 4-4 所示。

采用互感器变比测试仪测量 CVT 变比时（如图 4-6 所示），A、B 端的输出电压为 10 V，因此根据电容单元变比 $K = 0.315$ 可计算出中间变压器两端的电压仅为 3.15 V，在如此小的电压下，未损坏的避雷器阀片可以保持足够的绝缘，在低电压下处于高阻状态，其对此时的变比测试影响不大，变比测试结果如表 4-5 所示。

当互感器变比测试仪一次端子接 CVT δ-X 端时，一次测试回路可以看为避雷器和中间变压器并联后，再与 C_2 串联（如图 4-7 所示）。由于 C_2 的容抗较低，约为 49 kΩ，而互感器 A、B 输出的 10 V 电压足以保证避雷器仍处于高阻状态（>950 kΩ），同时，中间变压器具有很高的励磁阻抗，所以从 X 和 δ 加入的试验电压主要由中间变压器和避雷器承担，C_2 上仅有很小的压降，从而中间变压器二次侧测试的电压偏低，因此，此时测的变比稍大于中间变压器变比，如表 4-6 所示。

CVT 故障影响电网安全运行，必须引起设备运管部门的高度重视，该类老式 CVT 运行近 20 年，在一年时间内，先后出现两次避雷器损坏的类似故障，因此应对该类 CVT 加强技术监督，防止类似故障发生。

4.2　电子式电压电流互感器（ECVT）失压故障分析

4.2.1　事故概况

2018 年 7 月 22 日凌晨，某 220 kV 变电站 2 号主变恢复供电后不到 1 小时，3 号主变 203 间隔保护装置报 B 相 PT 断线，如图 4-9 所示，3 号主变紧急停运。

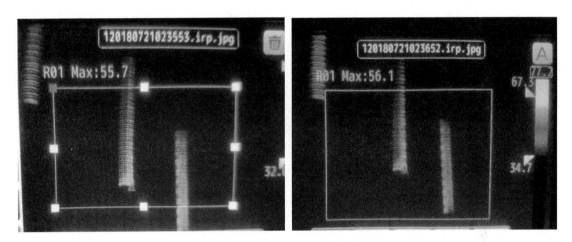

合并单元采样			高压侧电流电压保护测量		
			1. A相电压		60.07 V
间隙电流1	0.0326A	313.77°	2. B相电压		5.71 V
间隙电流2	0.0354A	181.67°	3. C相电压		61.06 V
A相电压1	132.30kV	14.395°	4. 零序电压		59.87 V
A相电压2	132.28kV	14.395°	5. 外接零序电压		0.00 V
B相电压1	12.530kV	178.25	6. 负序电压		19.69 V
B相电压2	12.473kV	178.40	7. A相电流		0.78 A
C相电压1	134.15kV	134.11°	8. B相电流		0.80 A
C相电压2	134.18kV	134.11°	9. C相电流		0.79 A
			10. 零序电流		0.02 A
			11. 外接零序电流		0.05 A
			12. 间隙零序电流		0.00 A

图 4-9　B 相 PT 断线故障

对此，技术人员对其开展红外测温工作，发现 3 号主变 2036 刀闸 B 相 ECVT 表面最高温度为 56.1 ℃，比 A、C 两相最高温度高出 10 ℃ 左右，如图 4-10 所示。

图 4-10　异常相红外测温结果

经过现场试验，电子式互感器采集卡及合并单元均正常工作，电压异常故障点在互感器一次部分，因此需要整体更换电子式互感器方能消除缺陷。

4.2.2　缺陷处理过程

由于该电子式互感器已无备品备件，经过讨论后制定将该电子互感器更换为常规互感器的临时性方案，同时拆除原有刀闸，保留刀闸支撑绝缘子作为导线连接支撑。

7 月 22 日，相关专业人员开展 3 号主变 2036 刀闸三相 ECVT 的更换工作，并于当日晚 11 点完成常规 CT 安装；7 月 23 日完成二次电缆，CT 端子箱的安装工作；7 月 25 日完成二次接线及相关调试工作；7 月 26 日 3 号主变成功送电。

4.2.3 故障原因分析

该 220 kV 变电站已发生两起由电子式互感器过热缺陷引起的二次电压异常,且发热部位均处于绝缘支撑中下部,因此初步判定为电子式互感器内部电抗器绕组出现匝间短路故障。两起缺陷的原因可归结为产品的设计或装配质量问题,引起电子互感器过热、电压异常的可能原因如下:

(1)设备实际运行时由于杂散电容的影响,导致串联电抗分压不均(220 kV 电子式互感器为 12 个参数一致的电抗器串联,110 kV 由 7 个参数一致的电抗器串联),顶部和中下部电抗器承受较高电压。设计时未针对杂散电容的影响做出相应的改善措施,设备存在薄弱环节,如图 4-11 所示。

(2)该电子式互感器电抗器装配在环氧管内,抽真空后注胶,散热效果差,长期运行易在薄弱处导致局部过热缺陷。

(3)电抗器线圈铜丝细、匝数多(达到 20 000 匝),铜丝材质、漆包线绝缘等工艺不良,

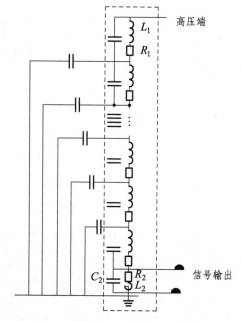

图 4-11 ECVT 电压功能部分结构原理图

易引起内部匝间短路,回路电流增大,短路位置温度升高,同时单只电抗器分压变大,导致二次电压异常升高。如果回路电流增大过热导致漆包线熔断,则二次电压无输出。

4.2.4 事故调查分析

(1)该 220 kV 变电站电子式互感器质量事件回顾:

① 2013 年 9 月,该站一台电流互感器的传输光纤损坏。

② 2017 年 7 月,该站 3 号主变 103 开关 C 相组合互感器二次电压异常故障。

③ 2017 年 7 月,该站 220 kV Ⅱ母 PT 二次电压异常,故障原因为:C 相互感器内部绕组故障。

④ 2017 年 12 月,OEMU-720A 电子式互感器合并单元存在间歇性"GOOSE 板通信中断"告警,并伴随备用 6 告警灯闪烁的疑似家族性缺陷。

⑤ 2018 年 7 月该站 2 号主变 202 开关 A 相 ECVT 过热故障。

⑥ 2018 年 7 月该站 3 号主变 203 开关 ECVT 互感器过热故障,电压异常。

(2)7 月 21 日检修人员对 2036 刀闸 B 相电子互感器进行解体分析,由于该电子互感器外层为硅橡胶绝缘套、内部为环氧管、抽真空后注胶绝缘,电抗器包裹在其中,解体需要借用专业机具进行。最后只拆解底座部分的分压小电阻,分压小电阻经测试为 54 Ω,与出厂值一致,该小电阻无异常。

图 4-12　电子式互感器底座部分解体图

（3）目前预试规程暂未规定电子式互感器试验项目，而传统绝缘电阻、介损及电容量测试对电子式互感器适用性不强，试验班组需制订出相应的故障诊断方法，如针对电抗器进行电抗、直流电阻测量等试验。

4.3　基于二次电压偏差的 CVT 诊断试验

通过对 SCADA（数据采集与监视控制）系统数据的调取及分析，共计发现 26 组 CVT 二次电压互差超过 1.5%，同时再次通过检修班组对该 26 组 CVT 二次源端（CVT 二次接线端子）电压的检测，进一步发现 8 组 CVT 二次 A、B、C 三相电压互差超过 2%。目前已停电开展诊断试验，发现有 3 组 CVT 存在电容量异常的情况，下面以某次试验数据为例，分析电容量异常对 CVT 二次电压的影响。

4.3.1　缺陷概述

2020 年 09 月 10 日，发现某 110 kV 变电站 143 线路 CVT 二次侧三相电压不平衡，具体电压数据如表 4-9 所示。

表 4-9　异常电压数据

		U_a/V	U_b/V	U_c/V	U_{ab}/V	U_{bc}/V	U_{ca}/V
143 线路二次电压		61.0	52.4	62.2	98.5	99.4	106.8
142 线路二次电压		62.8	61.3	61.0	107.8	106.1	107.5
110 kV Ⅰ 母二次侧相电压	第一组	61.5	61.4	61.0	—	—	—
	第二组	60.7	60.6	60.2	—	—	—
110 kV Ⅱ 母二次侧相电压	第一组	60.9	60.7	60.3	—	—	—
	第二组	60.9	60.7	60.2	—	—	—

电压数据显示，该 143 线路 CVT 二次三相电压严重不平衡，B 相电压明显偏低，由于相邻间隔 142 线路 CVT，以及 110 kV Ⅰ 母、110 kV Ⅱ 母 CVT 二次侧电压均正常，因此 143 线路 B 相 CVT 可能存在缺陷。该 CVT 铭牌如表 4-10 所示。

表 4-10   设备铭牌

型号：CVT110/$\sqrt{3}$-0.015H			
一次额定电压：110/$\sqrt{3}$ kV		电容量：15 730 pF	编号：10102104
二次绕组	a_1-x_1	a_2-x_2	a_f-x_f
二次额定电压/V	100/$\sqrt{3}$	100/$\sqrt{3}$	100
容量/V·A	75	75	100
准确级	0.2	0.5	3P
出厂日期：2001.02			

CVT 由电容单元和电磁单元组成（见图 4-13），其中电容单元由 C_1 部分和 C_2 部分串接而成。

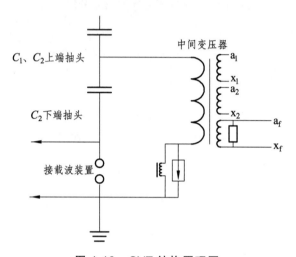

图 4-13   CVT 结构原理图

4.3.2   诊断试验

9 月 11 日，对 143 线路 B 相 CVT 进行诊断试验，试验数据如表 4-11 所示。

表 4-11   143 线路 B 相 CVT 诊断数据

		tanδ/%	实测值 C_x/pF	铭牌值 C_n/pF	初值差/%
电容量及介损（自激法）	C_1	0.102	20 510	19 850	3.32
	C_2	0.126	95 170	75 700	25.72
	$C_总$	—	16 874（2014 年历史值为 15 620 pF）	15 730	7.27
变比	绕组	AN/a_1-x_1	AN/a_2-x_2	AN/a_f-x_f	
	实测变比	1 282	1 282	738	
	铭牌变比	1 100	1 100	635	
	初值差/%	16.55	16.55	16.22	

4.3.2.1 电容量分析

根据自激法诊断数据结果计算出一次绕组 $C_{总}$ 实测值为：

$$C_{总-实测} = \frac{C_1 C_2}{C_1 + C_2} = \frac{20\,510 \times 95\,170}{20\,510 + 95\,170} = 16\,874 \text{ (pF)}$$

计算 C_1 初值差：$\Delta C_1 = \frac{C_1 - C_{1N}}{C_{1N}} = \frac{20.51 - 19.85}{19.85} \times 100\% = 3.32\%$

计算 C_2 初值差：$\Delta C_2 = \frac{C_2 - C_{2N}}{C_{2N}} = \frac{95.17 - 75.70}{75.70} \times 100\% = 25.7\%$

计算 $C_{总}$ 初值差：$\Delta C_{总} = \frac{C_{总} - C_{总N}}{C_{总N}} = \frac{16\,874 - 15\,730}{15\,730} \times 100\% = 7.27\%$

根据《输变电设备状态检修试验规程》（DL/T 393—2010），电容式电压互感器电容量初值差不超过 ±2%（警示值）。该 CVT 诊断数据对比铭牌值 $C_{总}$（含 2014 年总电容量历史值）、C_1、C_2，发现该 CVT 电容量变化较大，其初值差如表 4-11 所示，不满足规程要求（初值差 ≤2%），因此 CVT 内部电容元件可能存在击穿缺陷。

4.3.2.2 变比分析

计算一次绕组电容额定分压比为：

$$K_N = \frac{75.70 + 19.85}{19.85} = 4.81$$

根据 CVT 铭牌可知其总变比 $k = 1\,100$，推断中间变压器变比为：

$$n = \frac{1\,100}{4.81} = 228.5$$

CVT 故障后，一次绕组电容分压比变为：

$$K' = \frac{95.17 + 20.51}{20.51} = 5.64$$

由此，可推出 CVT 故障后实际变比 k' 为：

$$k' = K'n = 5.64 \times 228.5 = 1\,288.78$$

可见，该 CVT 变比理论计算值（1 288.78）与 B 相变比实测值（1 282）基本吻合。

取一次侧正常 A 相参考电压（67.1 kV），计算出故障状况下 CVT 二次侧电压 U 应为：

$$U = \frac{67\,100}{1\,288.78} = 52.07 \text{ (V)}$$

可见，电压理论计算值（52.07 V）与实际 B 相二次侧采集值（52.4 V）吻合。

从诊断试验数据可以看出，该 CVT 变比、电容量均存在异常，由此推测该 CVT 内部电容单元存在缺陷。

4.3.3 解体验证

2020 年 09 月 29 日，对该 CVT 一次电容单元及电磁单元解体，发现电磁单元无异常，但电容单元却存在击穿现象。

该 CVT 电容单元共计由 76 片电容元件叠装串接而成，如图 4-14 所示，其中 C_1 有 61 片，C_2 有 15 片，解体之后，用容值表对每一片电容元件进行电容量测量（见图 4-15），测量结果如表 4-12 所示，正常电容元件的电容量约为 1.2 μF，故障电容元件的电容量数据异常。

图 4-14　瓷瓶内电容元件叠装结构

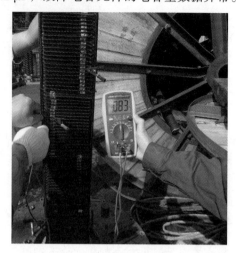

图 4-15　测试电容元件电容量

表 4-12　CVT 解体后电容逐片测量结果　　　　单位：μF

电容片数	电容量	电容片数	电容量	电容片数	电容量	电容片数	电容量
1	1.204	21	1.174	41	1.166	61	1.143
2	1.233	22	1.220	42	1.183	62	C_1、C_2 分段处
3	1.244	23	1.229	43	1.210	63	1.161
4	1.243	24	1.241	44	1.217	64	1.138
5	1.241	25	1.248	45	1.207	65	异常偏大
6	1.260	26	1.261	46	1.195	66	异常偏大
7	1.230	27	1.195	47	1.213	67	1.142
8	1.239	28	1.182	48	1.194	68	异常偏大
9	1.227	29	1.197	49	1.194	69	1.119
10	1.232	30	0.007 1	50	1.183	70	1.132
11	1.218	31	1.190	51	1.200	71	1.139
12	1.202	32	1.196	52	1.189	72	1.143
13	1.196	33	1.200	53	1.200	73	1.130
14	1.207	34	1.200	54	1.186	74	1.128
15	异常偏大	35	1.215	55	1.171	75	1.126
16	1.230	36	1.185	56	1.185	76	1.117
17	1.218	37	1.173	57	1.168	77	1.117
18	1.205	38	1.158	58	1.162		
19	1.202	39	1.161	59	1.173		
20	1.200	40	1.161	60	1.157		

根据测量结果，C_1 有 2 片电容元件出现异常，进一步拆解发现 C_1 部分的第 15 号和 30 号电容元件有烧蚀痕迹，电容极板锡箔已被击穿，如图 4-16 所示。

假设每片电容元件的电容量相等（$C_0 \approx 1.2 \ \mu F$），则可根据电容元件数量的变化粗略计算 C_1 电容量变化率为：$\Delta C_1 = \dfrac{\dfrac{C_0}{n_{正常}} - \dfrac{C_0}{n_{总}}}{\dfrac{C_0}{n_{总}}} = \dfrac{n_{总} - n_{正常}}{n_{正常}} = \dfrac{n_{损坏}}{n_{正常}} = \dfrac{2}{59} = 3.39\%$，与 C_1 电容量诊断数据计算值 $\Delta C_1 = 3.32\%$ 相吻合。

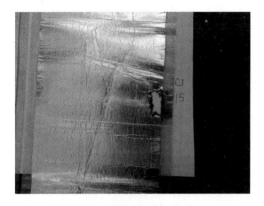

（a）15 号电容片烧蚀部位　　　　　　　　　　（b）30 号电容片烧蚀部位

图 4-16　C_1 部分被失效的电容元件

容值表测量发现 C_2 有 3 片电容出现异常，分别对应 C_2 部分第 65 号、66 号、68 号电容元件，拆解后发现这 3 片电容元件均有击穿点，如图 4-17 所示。根据电容拆解结果，发现 C_2 部位实则有 3 片电容元件被击穿，根据电容元件被击穿数量变化，计算其电容量变化率为 $\Delta C_2 = \dfrac{n_{损坏}}{n_{现存}} = \dfrac{3}{12} = 25\%$，与 C_2 电容量诊断数据计算值 $\Delta C_2 = 25.7\%$ 相吻合。

对 143 线路 B 相 CVT 进行更换处理，二次电压恢复正常。

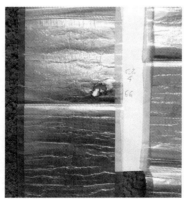
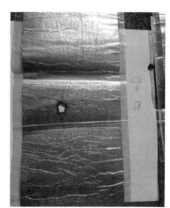

（a）65 号电容片烧蚀部位　　　（b）66 号电容片烧蚀部位　　　（c）68 号电容片烧蚀部位

图 4-17　C_2 部分被失效的电容元件

4.3.4 结 论

CVT 内部电容被烧蚀可能原因如下：

（1）由于制造和出厂把关不严，电容元件存在褶皱、气泡、杂质等非连续性介质，导致该处电场畸变。

（2）设备运行时间过长，CVT 内部绝缘逐渐老化，在电场作用下被击穿。

第 5 章　带电检测案例分析与处理

5.1　220 kV 主变 110 kV 侧套管漏油缺油缺陷检测与分析

5.1.1　异常情况概述

2019 年 10 月 22 日，在某 220 kV 变电站带电检测中，红外成像发现 2 号主变 110 kV 侧 C 相套管温度异常，套管上部靠引流线侧温度为 26 ℃，下部靠主变侧温度为 28 ℃，温差为 2 K，红外图谱上可见明显的温度分界线，如图 5-1 所示，现场通过可见光照片可见主变套管漏油严重，如图 5-2 所示，且套管无油位指示。

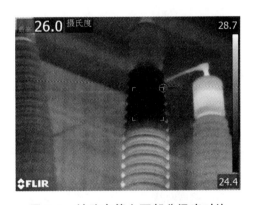

图 5-1　缺陷套管上下部分温度对比

图 5-2　现场漏油情况

5.1.2　异常情况分析

通过 FLIR 软件分析故障相套管整体温度分布，明显可见套管上下部分温差明显，平均温差为 2.3 K，如图 5-3 所示。

故障相套管与正常相相比，故障相同位置处平均温差为 3.6 K，整体平均温差为 2.3 K，如图 5-4 所示。

产生该缺陷的原因为：套管下端与升高座连接螺丝松动、密封不良，造成套管漏油，油位面即为图中的色彩分界面；由于套管上半部分缺少绝缘油，导致内部导体的热量不能通过绝缘油向外传导至套管外壳，所以呈现出更低的温度。根据《带电设备红外诊断应用规范》（DL/T 664—2016），判定该缺陷为危急缺陷。

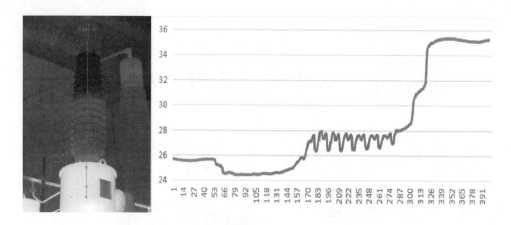

图 5-3　故障相套管红外测温图谱

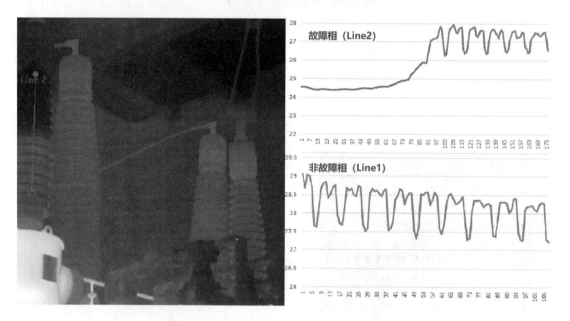

图 5-4　故障相与非故障相套管宫外测温对比

当日立即安排紧急停电处理，并于次日完成套管验收、更换及相关试验，试验结果合格。送电投运后，设备恢复正常。

5.2　GIS 刀闸超声信号异常的分析与处理

5.2.1　异常情况概述

2018 年 05 月 24 日 11 时，在对某 220 kV 变电站 110 kV GIS 设备进行带电检测时，发现 110 kV Ⅰ母 PT 间隔 1181 刀闸气室存在超声波异常信号，而构架背景信号正常，其他测点信号正常。异常点超声波信号特征为一周期出现两簇信号，呈纺锤形，间歇性出现异常脉冲，具有异常振动信号与悬浮放电的特征。幅值定位显示异常信号主要存在于 110 kV I 母 PT 间隔 1181 刀闸侧下部位置；机械振动测试表面问题气室存在 500 ~ 1 000 Hz 的高次谐波；气体分解产物测试发现 SO_2（SOF_2）气体含量超标，说明刀闸气室内部发生过局部放电。

5.2.2 超声信号检测

2018 年 05 月 24 日 11 时（温度 25 °C，湿度 60%，天气晴）（初测），被试 GIS 设备型号为 SDH612，测试仪器为 PD208，测试频段为 10 ~ 200 kHz，放大倍数为 60 dB。

从图 5-5 初测数据发现，110 kV I 母 PT 间隔 1181 刀闸气室超声波信号异常，而构架背景信号正常，初步判断异常信号来自刀闸气室内部。超声波信号特征为一周期出现两簇信号，呈现 100 Hz 周期相关性，波形特征呈纺锤形，为振动缺陷的波形特征。但纺锤形波形中夹杂不规律出现的脉冲尖峰，说明超声波信号可能为振动和悬浮放电的混合。同时在该刀闸气室附近，人耳能听见内部有间歇性且类似抽水机转动的异常声响。

（a）测点布置

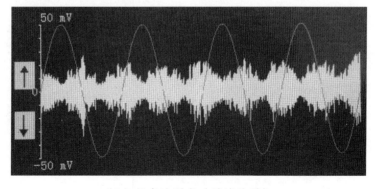

（b）超声波测点（时域波形）

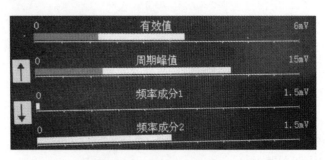

（c）超声波测点（连续波形）

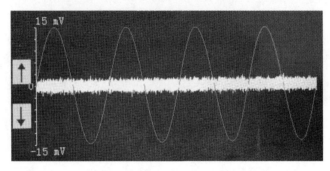

（d）构架背景

图 5-5 超声波信号（初测）

运用 PDS-T95 对异常超声测点处进行检测，检测数据如表 5-1 所示，异常超声波信号依然存在，信号特征为一周期呈两簇分布，呈现 100 Hz 频率相关性，验证 PD208 初测和复测结论。

表 5-1 PDS-T95 检测数据

波形类型	超声异常点图谱	构架背景图谱
连续图谱	X100 通道：外 有效值 2.2mV 0mV / 10mV 周期最大值 4.4mV 0mV / 20mV 频率成分1:[50Hz] 0.1mV 0mV / 2mV 频率成分2:[100Hz] 0.5mV 0mV / 2mV	X100 通道：外 有效值 1.5mV 0mV / 10mV 周期最大值 2.2mV 0mV / 20mV 频率成分1:[50Hz] 0.0mV 0mV / 2mV 频率成分2:[100Hz] 0.0mV 0mV / 2mV
时域波形	X100 电源 通道：外 5 幅值[mV] 2T 时间	X100 电源 通道：外 5 幅值[mV] 2T 时间

续表

波形类型	超声异常点图谱	构架背景图谱
相位模式	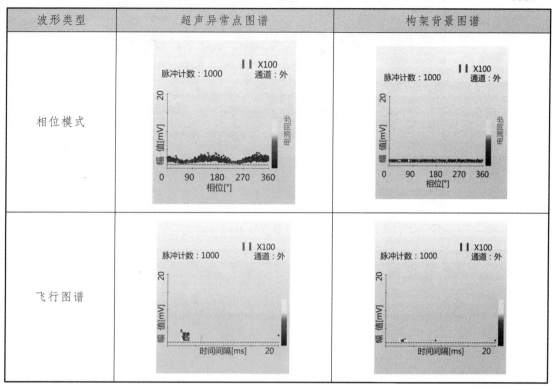	
飞行图谱		

运用示波器连接超声波传感器，对异常超声测点处进行检测，检测图谱如图 5-6 所示，异常超声波信号依然存在。超声波探头 1 置于异常超声测点，超声波探头 2 置于构架背景，示波器波形对比如图 5-7 所示，110 kV Ⅰ 母 PT 间隔 1181 刀闸气室底部超声波信号异常，而构架背景信号正常，验证了异常信号来自 1181 刀闸气室内部。同时在示波器波形中能更清晰地看出纺锤形波动与异常脉冲尖峰，说明设备内部可能同时存在振动与悬浮放电。

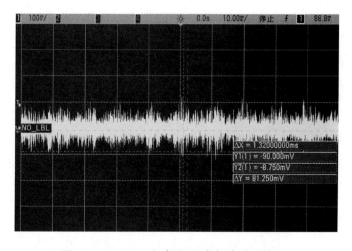

图 5-6　1181 刀闸气室异常超声信号复测

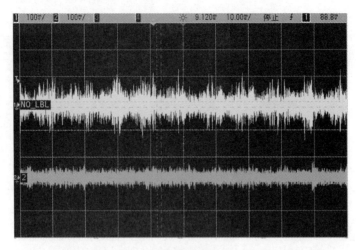

图 5-7　1181 刀闸气室底部超声异常信号与构架背景信号对比

5.2.3　特高频检测

对该间隔超声波异常点附近盆式绝缘子进行特高频测试，结果如图 5-8 所示，未见异常信号。

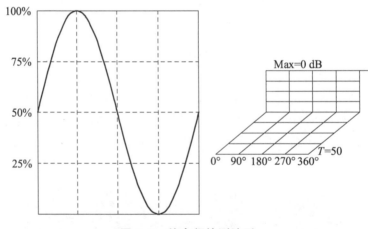

图 5-8　特高频检测波形

5.2.4　综合分析

首先进行幅值定位，对刀闸气室轴向进行幅值定位，寻找刀闸气室罐体信号最大点（异常信号类似振动，无法用示波器找到脉冲起始沿，时差法失效）；然后对刀闸气室纵向进行幅值定位，寻找罐体信号最大点；最后利用频域定位法判断异常信号源位于壳体还是导体。

5.2.4.1　幅值定位

如图 5-9 所示，以 110 kV Ⅰ 母 PT 间隔 1181 刀闸气室靠近 110 kV Ⅰ 母母线盆式绝缘子处为坐标原点，沿罐体轴向顺序布置测点。测试结果如表 5-2 所示，异常信号主要存在于 $X = 0$ cm 到 $X = 100$ cm 之间，且在 1181 刀闸气室底部中间区域较大。

图 5-9　轴向幅值定位测点布置

表 5-2　轴向幅值定位数据

位置/cm	幅值/mV	波　形
$X = 0$	6	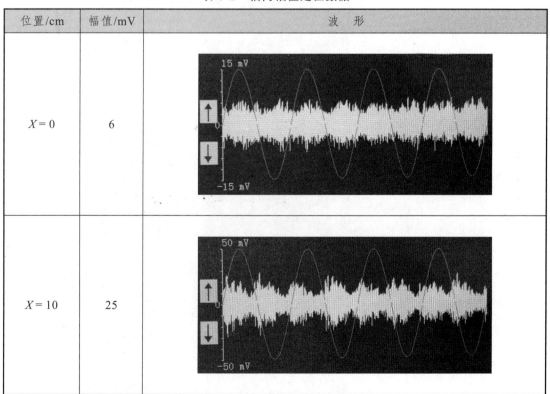
$X = 10$	25	

位置/cm	幅值/mV	波　形
$X = 20$	35	
$X = 30$	35	
$X = 40$	35	
$X = 50$	15	
$X = 60$	16	

位置/cm	幅值/mV	波 形
$X = 70$	15	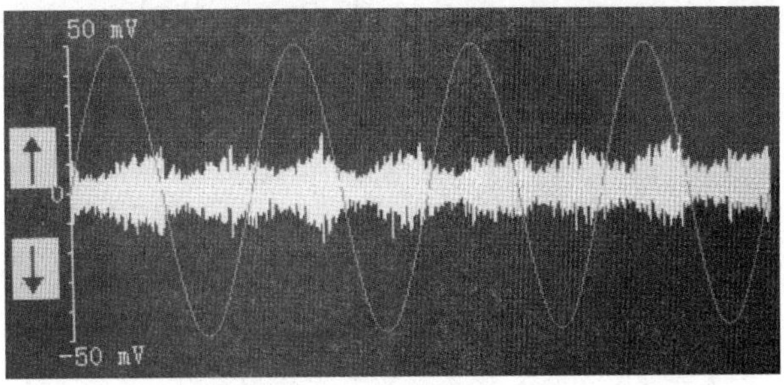
$X = 80$	30	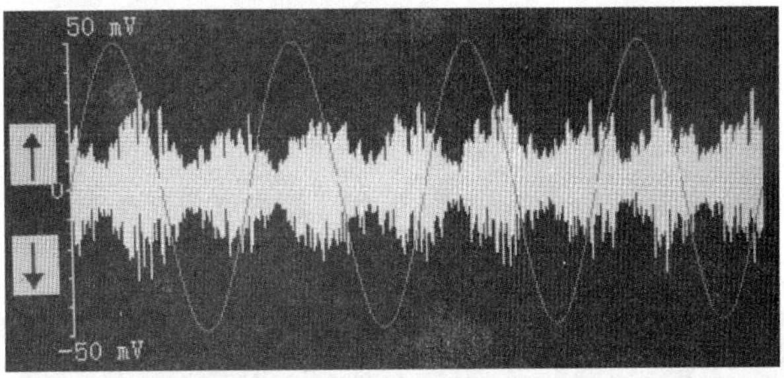
$X = 90$	13	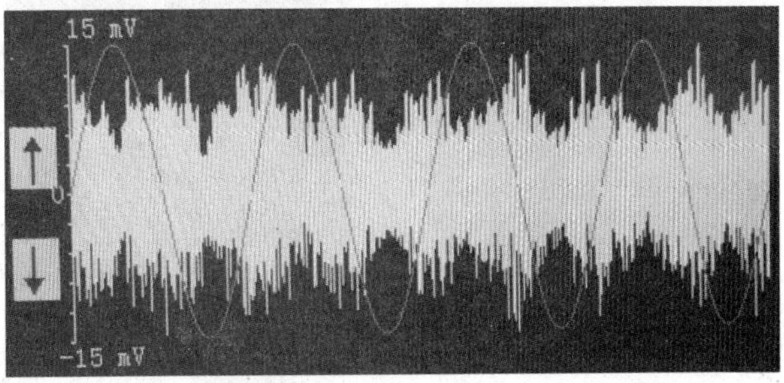
$X = 100$	15	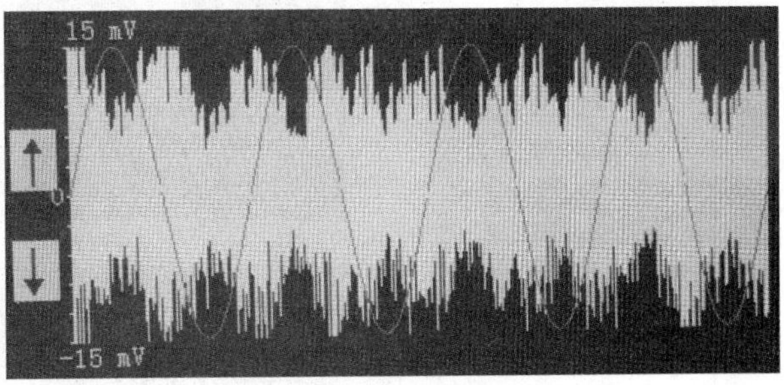

在 $X = 40$ cm 的圆周方向，对罐体进行纵向幅值定位，测点布置如图 5-10 所示，测试结果如表 5-3 所示，可知在 $X = 40$ cm 的圆周方向上，测点 #3 幅值最大，即 1181 刀闸气室侧下方与竖直方向夹角 60° 处测得异常信号幅值最大。

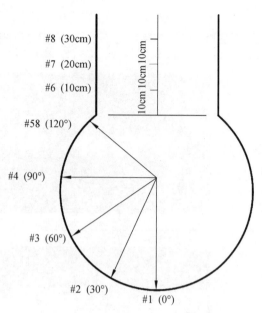

图 5-10　纵向幅值定位测点布置

表 5-3　纵向幅值定位数据

位　置	幅值/mV	波　形
#1	20	
#2	25	
#3	30	

位 置	幅 值/mV	波 形
#4	12	
#5	14	
#6	10	
#7	9	
#8	8	

5.2.4.2 频域定位

改变测试仪器测试频段,对比波形幅值。从表 5-4 可以看出,异常信号在 10～200 kHz、10～100 kHz、10～50 kHz 三个频段中波形幅值基本无变化,而在 50～100 kHz 频段中波形幅值很小,说明该信号主要位于 10～50 kHz 频段,由于高频分量在 SF_6 气体中衰减较大,因此可以判断该异常信号来自 GIS 内导体。

表 5-4 频域定位测试数据

频段/kHz	幅值/mV	波形
10～200	35	
10～100	35	
10～50	30	
50～100	6	

5.2.4.3 振动测试

使用清华四川能源互联网研究院的振动分析仪，对比 110 kV Ⅰ 母 PT 间隔 1181 刀闸与 110 kV Ⅱ 母 PT 间隔 1282 刀闸振动信号功率谱，如表 5-5 所示，对比发现超声信号正常的 1282 刀闸的信号集中在 100 Hz 处，而 1181 刀闸则存在 500 ~ 1 000 Hz 的高次谐波，说明该刀闸可能存在内部导体接触不良而引起的振动。

表 5-5 振动信号功率谱对比分析

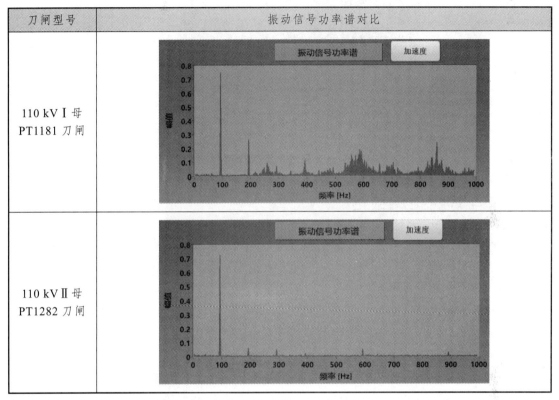

刀闸型号	振动信号功率谱对比
110 kV Ⅰ 母 PT1181 刀闸	
110 kV Ⅱ 母 PT1282 刀闸	

5.2.4.4 气体分解产物

对 110 kV Ⅰ 母 PT1181 刀闸气室进行气体分解产物带电测试，SO_2（SOF_2）气体含量超标（7.8>1 μL/L，8.1>1 μL/L），说明内部发生过局部放电。未检出 H_2S，可能是被金属或绝缘件吸附。

表 5-6 问题气室气体分解产物测试

仪器型号：JH3000-2，JH5000A-4			
检测日期（年/月/日）		2018.05.25	2018.05.25
检测成分	SO_2（SOF_2），<1 μL/L	7.8	8.1
	H_2S，<1 μL/L	0.0	0.0

5.2.4.5　X 光透视

使用依科斯朗 300 型射线机与康众 1500P 型成像板对问题气室内部进行 X 光透视分析，测试结果如图 5-11 所示，但由于重影较多，无法判断是否存在接触不良或松动等问题。

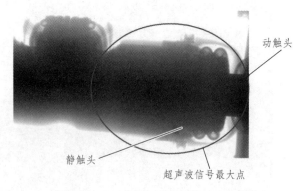

图 5-11　问题气室 X 光透视图

5.2.5　综合检测结论

从超声波的时域波形和频域定位结果来看，该异常信号较可能为位于高压导体处振动与悬浮放电的混合信号，超声信号最大值位于动静触头结合部；从气体分解产物结果来看，出现 SO_2 气体含量超标，说明内部发生过放电。

结合异常气室内部结构图（见图 5-12），可以推断振动与放电的两个可能原因：

（1）动触头插入深度不够导致接触不良，在电动力作用下持续振动，触头振动到某个位置导致局部场强过大而发生间歇性放电。

（2）绝缘拨叉上的舌簧接触不良，导致产生悬浮电位，引起局部放电。

建议设备运维管理单位尽快安排停电检修，排查刀闸触头插入深度不够与绝缘拨叉上的舌簧接触不良的问题，防止放电进一步导致闪络与停电事故。

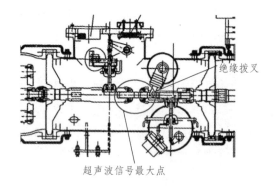

图 5-12　问题气室内部结构图

5.2.6　解体验证

2018 年 9 月 16 日，对该变电站 110 kV Ⅰ 母 PT1181 刀闸气室进行停电处理，打开刀闸顶部盖板后发现内部存在较多放电残留物，证实内部确实发生过放电。9 月 17 日至 26 日，对该刀闸气室进行整体更换，9 月 27 日 GIS 耐压验收合格并投运。9 月 30 日，对更换下来的刀闸进行深度解体，进一步寻找放电原因。

5.2.6.1　现场初步解体

9 月 16 日，在现场对 110 kV Ⅰ 母 PT 1181 刀闸进行初步解体，仅打开刀闸顶部盖板进行观察。打开盖板后，能闻到刀闸内部散发出刺鼻的气味，观察内部情况，发现罐体内部金属杆和拨叉处绝缘子表面附着较多白色颗粒状物质，颗粒状物质尺寸较小、分布均匀（如图 5-13 所示）。推测其出现原因为：刀闸内部发生悬浮放电，金属与 SF₆ 在放电电弧作用下发生反应，反应产物密度较轻的部分以蒸气形式上升，遇到温度较低的金属杆与拨叉处绝缘子冷凝，形成均匀分布的白色颗粒物。

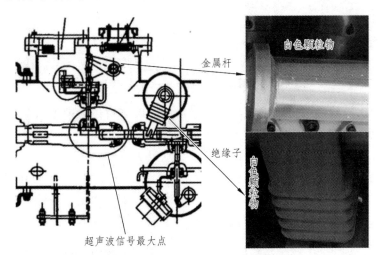

图 5-13　现场初步解体结果

该刀闸现场初步解体的现象验证了带电检测关于内部悬浮放电的结论，同时拨叉绝缘子表面附着的白色颗粒物较多，其绝缘性能降低，如未及时发现，很可能由沿面放电导致绝缘闪络与击穿，最终导致 110 kV Ⅰ 母及其出线停电的严重事故。

5.2.6.2　刀闸深度解体

2018 年 10 月 30 日，对该刀闸进行深度解体。

（1）刀闸拨叉相对正常状态，其底部存在半圆形缺口，为放电烧蚀产生，如图 5-14 所示。

（2）拨叉舌簧长度相对正常状态均有不同程度的缩短，同样为放电烧蚀导致，其中 C 相最为严重，约缩短 50%，B 相与 A 相分别约缩短 40% 和 30%；从外观上来看，正常舌簧表面呈钢丝的金属光泽，而解体舌簧表面呈粗糙与黑色状，如图 5-14 所示。

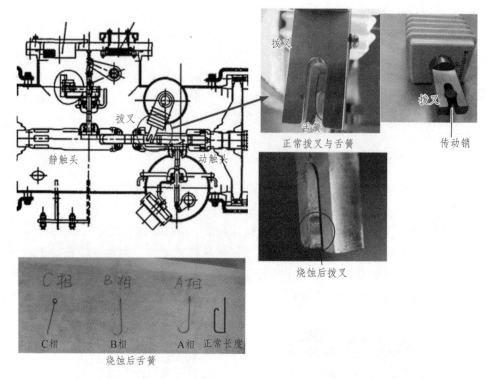

图 5-14　深度解体结果——拨叉与舌簧

（3）正常状态的动触头传动销表面均匀光滑，而解体后传动销中间存在金属凸起物，疑似为舌簧放电烧蚀而附着在传动销上的产物，如图 5-15 所示。

（4）刀闸气室底部、动触头传动销孔隙处、动触头解体后底部、动触头端部绝缘子上存在大量灰色放电粉末，其中动触头传动销缝隙处粉末数量最多，三相对比 C 相粉末最多。动触头底部粉末为动触头拆开后放电粉末掉落到底部形成，动触头端部绝缘子上粉末为解体时放电粉末从动触头传动销处掉落到绝缘子上形成，如图 5-16 所示。

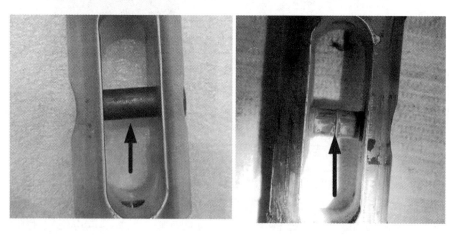

（a）正常动触头传动销　　　　（b）烧蚀后动触头传动销

图 5-15　深度解体结果——传动销

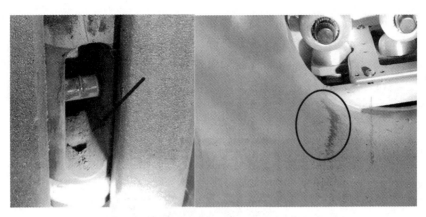

（a）刀闸传动销孔隙　　　　　　　（b）刀闸气室底部

（c）动触头端部绝缘子　　　　　　（d）动触头解体后底部

图 5-16　深度解体结果——放电粉末

5.2.7　放电原因分析

　　根据初步解体与深度解体发现现象，推测放电源为动触头传动销与拨叉、舌簧发生放电，放电类型为悬浮放电。放电原因与过程推断如下（如图 5-17 所示）：

　　（1）舌簧材质为钢丝，因质量原因或 PT 刀闸分合次数少导致舌簧长期不运动，钢丝弹力失效、压紧力不足，导致舌簧与传动销接触不良。

　　（2）PT 运行状态下动触头处于高电位，若舌簧与传动销良好接触，则舌簧、拨叉与动触头处于等电位状态，不会发生放电现象。若舌簧与传动销接触不良，舌簧、拨叉将在高电位与地之间因电容分压原理而产生悬浮电位，舌簧、拨叉与传动销之间将产生上千伏的电压差，同时两者之间缝隙很小，距离最近处缝隙电场畸变严重，电场强度极强，导致 SF_6 气体被击穿而发生悬浮放电。

　　（3）由于悬浮放电为金属性放电，放电能量较强，电弧温度较高，参与放电的传动销、拨叉、舌簧均可能出现局部熔化烧蚀现象。对于拨叉，其与传动销距离最近处发生放电，拨叉在电弧作用下烧蚀熔化，形成半圆形缺口；对于舌簧，其余传动销距离最近处为舌簧中间，该处发生放电导致舌簧中中间烧蚀，舌簧上部掉落传动销缝隙处，由于缝隙处堆积较多不导电的放电粉末，舌簧掉落部分仍然处于悬浮电位而继续放电、烧蚀，逐渐缩短并消失。舌簧下部仍然被固定在拨叉上，其与传动销距离仍然较近，仍然能发生放电、烧蚀现象，因此出现从上到下逐渐缩短的现象，出现三相烧蚀程度 C 相 > B 相 > A 相的现象；对于传动销，其与舌簧发生放电时，部分被融化的舌簧冷凝附着在传动销上，形成传动销中间的凸起物。

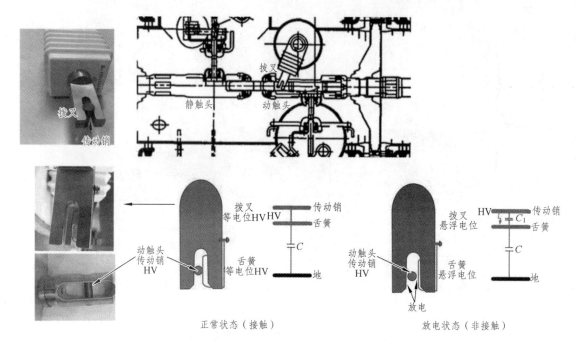

图 5-17　放电原因分析

（4）舌簧、拨叉和传动销的材质均为钢，放电时在高温等离子体作用下，这三种金属材料与 SF_6 气体发生反应，生成金属硫化物（$Fe_xS_yF_z$），少部分密度较轻的产物以蒸气形式上升，遇到温度较低的金属杆和绝缘子，冷凝并附着在其上形成颗粒物。大部分密度较重的产物以放电粉末的形式积存在传动销处缝隙里，部分通过传动销下部的地刀静触头孔掉落到刀闸底部壳体上。

5.3　电缆终端特高频与高频 CT 信号异常的分析与处理

　　2018 年 07 月 02 日 10 时，在对某 110 kV 变电站 110 kV GIS 一次设备进行超声波、特高频局放检测时，在 110 kV 181 电缆终端 B 相检测到异常特高频信号，具有相位聚集特性。

　　2018 年 07 月 04 日 11 时，对该缺陷复测过程中，发现 110 kV 181 电缆终端 B 相特高频信号与高频 CT 信号异常，信号稳定存在。该间隔其他盆式绝缘子、附近空气中、该间隔其他电缆终端的特高频信号均来源于该电缆终端 B 相。通过长时累积局部放电相位分布图谱（PRPD）与示波器时域图谱分析，该缺陷波形具有一簇或两簇异常信号，具有相位聚集特性与极性效应，幅值具有分散性，具备绝缘类放电的特征，推断放电原因为：电缆终端靠近高压导体存在气隙，由于该放电信号稳定存在、幅值较大（华乘 T95 特高频信号 60 dB），长时间发展可能引起绝缘闪络，暂定为严重缺陷。

5.3.1　特高频检测

使用格鲁布 PD71 进行初测，从图 5-18 可以看出，110 kV 181 电缆终端特高频信号异常，初步判断异常信号来自 110 kV 181 电缆终端内部。特高频信号特征为一周期出现两簇信号，呈现 100 Hz 周期相关性，两簇信号高度不一致存在极性效应，幅值具有分散性，疑似为绝缘类放电。

（a）测点布置

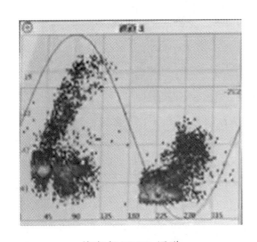

特高频 PRPD 图谱

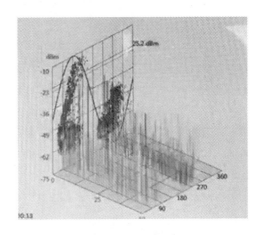

特高频 PRPS 图谱

（b）测点 1

图 5-18　110 kV 181 电缆终端 B 相特高频信号（初测）

使用格鲁布 PD71 进行复测，测点布置和初测一致，从图 5-19 可以看出特高频异常信号仍然存在，但信号特征为一周期出现一簇信号，呈现 50 Hz 周期相关性。为排除仪器问题，使用华乘 T95 与恒锐 HR1300W 仪器进行复测，测试波形如图 5-20、图 5-21 所示，可以看出华乘 T95 仪器显示两簇异常信号，而恒锐 HR1300W 显示一簇异常信号。多个仪器复测结果均说明该电缆终端存在异常特高频信号。

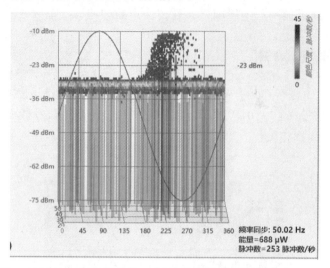

图 5-19　110 kV 181 电缆终端 B 相特高频信号（格鲁布 PD71 复测）

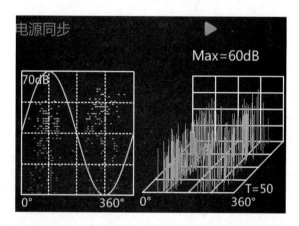

图 5-20　110 kV 181 电缆终端 B 相特高频信号（华乘 T95 复测）

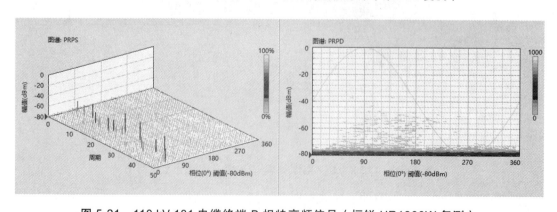

图 5-21　110 kV 181 电缆终端 B 相特高频信号（恒锐 HR1300W 复测）

5.3.2　高频 CT 检测

使用格鲁布 PD71 对 110 kV 181 电缆终端 B 相护层接地线处开展高频 CT 局放检测。从图 5-22 可以看出，局放图谱异常，图谱特征为每周期出现一簇脉冲，规律与特高频信号一致。

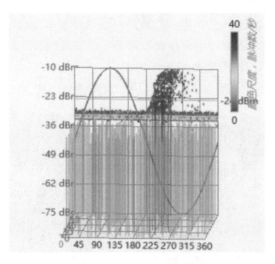

图 5-22　高频 CT 检测图谱

5.3.3　超声波检测

对特高频异常点附近的 GIS 罐体、电缆终端进行超声波局放测试，测试结果如图 5-23 所示，未见超声波异常信号。

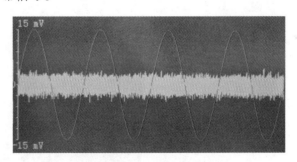

图 5-23　超声波检测波形

5.3.4　综合分析

针对特高频异常间隔，首先进行幅值定位，对比该间隔电缆终端、邻近盆式绝缘子（后文简称盆子），排除外界干扰，寻找幅值最大点，进行粗略定位；利用示波器接入双传感器，进行时差法精确定位；利用格鲁布 PD71 累积长时间的 PRPD 图谱，用以判断放电类型。

5.3.4.1 幅值定位

电缆终端与各盆式绝缘子相对位置与距离如图 5-24 所示，各点特高频测试结果如表 5-7 所示。

从 A、B、C 三相电缆终端之间对比可以看出，三相电缆终端均有相同规律特高频异常信号出现，但 A、C 相信号幅值小于 B 相，局放源头可能位于 B 相。从 B 相电缆终端与附近空气中信号对比可以看出，附近空气中存在类似信号，但幅值较小，局放源头可能位于 B 相电缆终端。从 B 相电缆终端与同间隔同相其他盆式绝缘子信号进行对比，其他盆式绝缘子出现类似信号，信号幅值相差不大。幅值定位结果说明，局放源可能位于 110 kV 181 电缆终端 B 相。

图 5-24 各盆式绝缘子相对位置与距离

表 5-7 各盆式绝缘子特高频信号对比

测试位置	幅值/dB	测试波形
181 电缆终端 B 相	60	电源同步　　　　　　　　　Max=60dB　　70dB　　　0° 360°　0° T=50 360°
181 电缆终端 A 相	57	电源同步　　　　　　　　　Max=57dB　　70dB　　　0° 360°　0° T=50 360°

测试位置	幅值/dB	测试波形
181 电缆终端 C 相	57	
181 电缆终端 B 相外 50 cm	56	
181 电缆终端 B 相外 100 cm	57	
181 间隔盆 2	60	
181 间隔盆 3	59	

5.3.4.2　时差定位

使用示波器与双 UHF 传感器进行时差定位，判断放电源所在位置，测试结果如表 5-8 所示。

从电缆终端 B 相与同间隔 A、C 相的时差来看，始终为电缆终端 B 相先接收到信号，说明局放源来自电缆终端 B 相。从电缆终端 B 相与附近空气中信号对比来看，传感器背对电缆终端与传感器远离电缆终端 50 cm 时，传感器接收到信号滞后于电缆终端，说明局放源来自电缆终端 B 相，空气中出现的异常信号来自电缆终端 B 相。

从电缆终端 B 相与同间隔同相其他盆式绝缘子的时差来看，相对盆式绝缘子 2（盆 2），电缆终端 B 相始先接收到信号，$\Delta t \cdot C = 3.56$ m，电缆终端与盆 2 距离 $L = 3.3$ m，两者基本一致，说明局放源位于电缆终端 B 相及以下。相对盆式绝缘子（盆 3），电缆终端 B 相始先接收到信号，$\Delta t \cdot C = 1.82$ m，电缆终端与盆 2 距离 $L = 1.9$ m，两者基本一致，说明局放源位于电缆终端 B 相及以下。

表 5-8　时差定位法结果

通道 1	通道 2	结　果	图　谱
181 电缆终端 B 相	181 电缆终端 A 相	通道 1 先收到信号	
181 电缆终端 B 相	181 电缆终端 C 相	通道 1 先收到信号	

通道 1	通道 2	结 果	图 谱
181 电缆终端 B 相	背对通道 1 传感器,即背对电缆终端	通道 1 先收到信号	
181 电缆终端 B 相	通道 1 传感器外 0.5 m	通道 1 先收到信号	
181 电缆终端 B 相	盆 2	通道 1 先收到信号,Δt=6.05 ns,$\Delta t \cdot C$=1.82 m	
181 电缆终端 B 相	盆 3	通道 1 先收到信号,Δt=11.85 ns,$\Delta t \cdot C$=3.56 m	

为进一步判断局放源位置,对比电缆终端 B 相特高频信号与护层接地线高频 CT 信号。测点布置与测试结果如图 5-25 所示,从多周期时域图谱看出,两个通道信号规律一致,脉冲出现相位一致,说明两个信号具有同源性。从时差对比图看出,高频 CT 信号领先特高频信号, $\Delta t = 7.35$ ns, $\Delta t \cdot C = 2.2$ m。

（a）测点布置

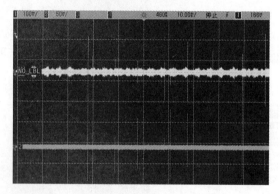

（b）同源判断

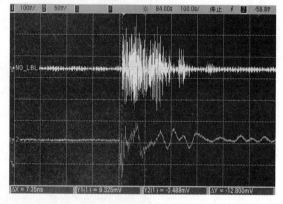

（c）时差判断

图 5-25　特高频信号（通道 1）与高频 CT（通道 2）信号对比

5.3.4.3　缺陷类型判断

使用格鲁布 PD71 对电缆终端 B 相特高频信号与电缆护层接地高频 CT 信号的 PRPD 图谱进行长时间累积观察，可以得到局放脉冲的相位聚集特性与统计规律，方便进行缺陷类型判断。从图 5-26 可以看出，特高频与高频信号均呈现一簇异常信号，信号幅值具有分散性，有极性效应。结合初测数据与图 5-25 中示波器多周期图谱，可以看出该放电具有绝缘类放电的特征。

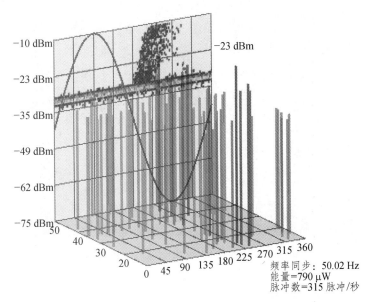

（a）电缆终端 B 相特高频信号

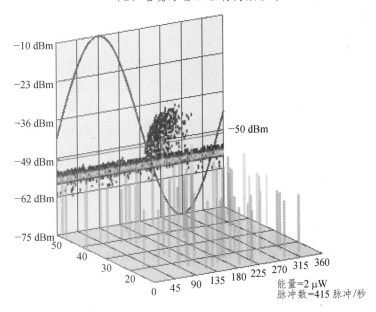

（b）电缆护层接地高频 CT 信号

图 5-26　长时累积 PRPD 图谱

5.3.4.4　原因分析

该缺陷定位结果为 110 kV 181 电缆终端 B 相，缺陷类型为绝缘类放电，可能原因为：该电缆终端靠近高压导体处存在气隙，如图 5-27 所示，引起场强畸变导致气隙放电。

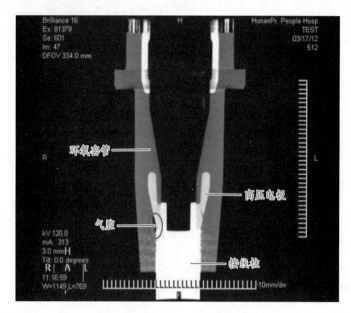

图 5-27　其他型号电缆终端内部结构图

5.3.5　带电检测结论

110 kV 181 电缆终端 B 相特高频与高频电流信号异常，两种信号具有同源性。相对于该间隔其他盆式绝缘子、附近空气中、该间隔其他电缆终端的特高频信号，电缆终端 B 相特高频信号幅值最大，其首先接收到脉冲信号，说明局放源位于电缆终端 B 相。

通过长时累积 PRPD 图谱与示波器时域图谱分析，该缺陷波形具有一簇或两簇异常信号，具有相位聚集特性与极性效应，幅值具有分散性，具备绝缘类放电的特征。

推断放电原因为电缆终端 B 相附近存在气隙或脏污杂质，由于该放电信号稳定存在且幅值较大，长时间发展可能引起绝缘闪络，因此将该缺陷定为严重缺陷。

5.3.6　解体验证

2019 年 7 月，对该电缆终端进行解体。将电缆终端从 GIS 中取出后，发现靠近法兰的终端表面凝聚大量淡黄色液滴（见图 5-28），通过放大镜观察，液滴中存在大量微小杂质，将液滴擦拭干净后，发现液滴下方环氧树脂表面存在黑色放电痕迹，取下环氧树脂套筒后发现电缆终端应力锥内外表面、应力锥内部交联聚乙烯表面均存在大片硅油干结形成的白斑与白色粉末杂质。

电缆终端处放电的原因推断如下：靠近法兰的电缆终端处电场较强，终端表面冷凝的液滴以及液滴中的杂质、应力锥内外表面和应力锥内部交联聚乙烯表面的硅油干结白斑导致该处电场畸变严重，引起局部放电，继而可能导致绝缘材料绝缘强度的劣化，局放进一步增强，形成恶性循环，最终可能导致绝缘闪络、击穿甚至爆炸的严重后果。

（a）电缆终端表面液滴凝聚

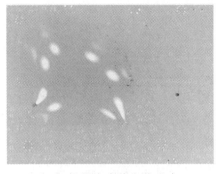

（b）凝聚液滴放大镜观察

（c）液滴下黑色放电痕迹（黑色圆圈中间）

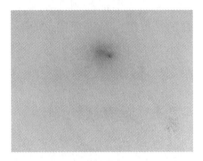

（d）放电痕迹放大镜观察

（e）电缆应力锥外表面白斑

（f）白斑放大

（g）应力锥内表面白斑

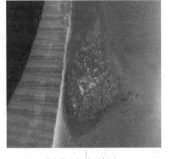

（h）白斑放大

图 5-28　解体验证情况

将 110 kV 181 电缆终端 B 相更换后投运，进行带电检测复测，发现特高频与高频电流异常信号消失。

5.4　10 kV 开关柜带电检测异常情况分析与处理

5.4.1　异常情况概述

2018 年 9 月 27 日，在对某 110 kV 变电站 10 kV 开关柜设备进行带电检测时，发现 10 kV 922 开关柜超声波与特高频信号异常，而暂态地电压测试数据正常。超声波信号最大值位于后中柜开关触头处，幅值为 39 dBμV，背景 – 3 dBμV，特高频信号最大值 34 dB，背景 0 dB，位于前中柜左侧缝隙处，一周期出现一簇信号，信号幅值存在分散性与间歇性，同时具有电晕放电与沿面放电的特征。

5.4.2　检测数据分析

5.4.2.1　超声波检测

2018 年 9 月 27 日，天气晴，温度 20 ℃，相对湿度 70%。该开关柜前后柜缝隙均存在异常超声波信号，通过测试仪器耳机能听见明显放电声，测试结果如图 5-29 所示。信号最大值位于后中柜开关触头处，幅值为 39 dBμV，背景幅值为 – 3 dBμV。但从后柜超声波信号变化规律来看，从上到下数据变化规律为"小-大-小-大"，不满足单放电源数据逐渐衰减的规律，说明该开关柜可能存在多放电源，而后中柜开关柜触头处放电最为剧烈。

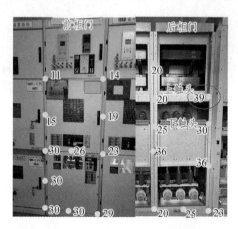

图 5-29　超声波测试结果（图中数字为测量幅值，单位 dBμV）

5.4.2.2　特高频检测

该开关柜特高频信号异常，最大值 34 dB，位于前中柜左侧缝隙处，背景为 0 dB；特高频信号相位相关性明显，脉冲呈现稳定的相位聚集特性，一周期出现一簇信号，具有

50 Hz 周期性，信号幅值存在分散性与间歇性，同时具有电晕放电与沿面放电的特征，测试波形如图 5-30 所示。

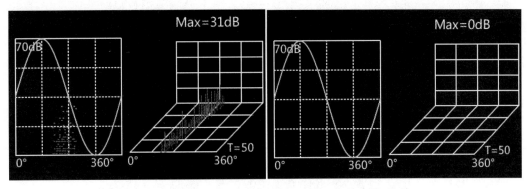

（a）前中柜左侧缝隙　　　　　　　　（b）背景

图 5-30　特高频测试结果

5.4.2.3　暂态地电压检测

该开关柜暂态地电压数据正常，具体测试数据如表 5-9 所示。

表 5-9　暂态地电压测试结果

TEV/dB	前中	前下	后上	后中	后下
空气背景	6	—	—	—	—
金属板背景	6	—	—	—	—
温中线 922	7	7	8	7	7

5.4.3　带电检测结论及建议

综上所述，该开关柜超声波和特高频信号异常，根据超声波测试结果，推断放电源位于后中柜开关触头处；根据特高频信号特征，推测放电类型可能为电晕放电或沿面放电。

针对本次检测发现的缺陷建议进行如下检查处理：带电检测人员定期复测，缩短检测周期，跟踪信号幅值变化做趋势分析，一旦发现幅值持续增大，尽快安排停电计划，对缺陷进行处理。

5.4.4　停电处理

2018 年 9 月 30 日，开关柜停电后发现，10 kV 922 开关柜 A 相下部静触头受潮及放电痕迹最为严重（靠近 10 kV Ⅱ母 PT9822 开关柜侧）。A 相开关下部静触头处分支母排、紧固螺母与静触头盒表面存在黑色放电痕迹，如图 5-31 所示，同时发现静触头端部金属和紧固螺丝放电痕迹处存在铁锈；分支母排端部以及绝缘盒内表面存在较多铜绿粉末；绝缘盒外表面存在较多灰尘；而 B、C 相及相邻间隔下部静触头处无铁锈、铜绿与放电痕迹，如图 5-31 所示。

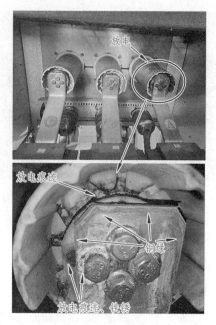

图 5-31 A 相开关下部静触头受潮与放电现象

静触头盒表面存在黑色放电痕迹，说明此处绝缘材料在沿面放电作用下发生碳化而生成黑色物质。分支母排端部产生铜绿，且边缘较锋利，说明此处曾发生电晕放电。静触头端部紧固螺母材质为铁，与铜排接触面已经严重锈蚀，生成较多铁锈，螺母锈蚀处表面粗糙，说明此处曾发生电晕放电；同时发现开关 A 相上部触头同样存在铜绿、铁锈与放电痕迹，但受潮与放电严重程度弱于下部静触头，如图 5-32 所示。

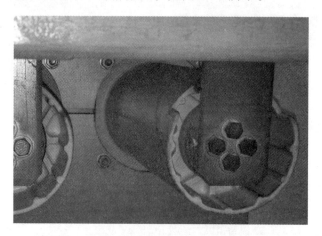

图 5-32 A 相开关上部静触头受潮与放电现象

10 kV 922 开关柜与 10 kV Ⅱ母 PT9822 开关柜（即 10 kV Ⅱ段硬联桥架位置）间穿板套管与母排接触处存在放电痕迹与铜绿，如图 5-33 所示，说明此处曾发生沿面放电。

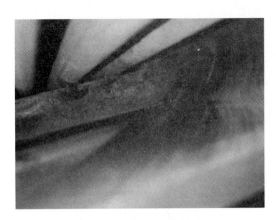

图 5-33 穿板套管放电

10 kV 922 开关柜 A、B、C 三相带电显示器支柱绝缘子存在明显受潮及放电痕迹，如图 5-34 所示。带电显示器材料为环氧树脂，其表面的白色粉末产生原因为：绝缘材料在沿面放电电弧作用下发生分解的产物。

图 5-34 带电显示器支柱绝缘子受潮及放电

10 kV 922 开关柜进线电缆处存在黑色放电痕迹，如图 5-35 所示。此处放电为三相电缆距离较近，同时受潮引起表面电场畸变，进而导致沿面放电；电缆表面为硅橡胶材料，在放电作用下发生碳化而生成黑色放电痕迹。

开关柜的穿板套管、带电显示器支柱绝缘子裙边、上下静触头盒、开关本体动触头盒、柜内其他地方均有较为严重的积灰。

同时，用热风枪对 10 kV 922 开关柜上下静触头盒、穿板套管进行干燥处理时发现，绝缘材料内存在的水分从内部扩散至表面，手指触摸能明显发现凝结水分附于绝缘材料表面，说明该开关柜内已经严重受潮。

综上所述，开关柜后柜开关触头处、穿板套管、带

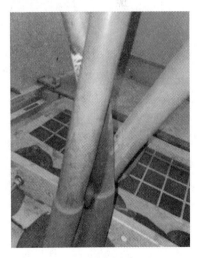

图 5-35 进线电缆处放电

电显示器与进线电缆处均存在放电痕迹，而开关触头处放电最为严重，开关柜内同时存在电晕放电与沿面放电两种类型，解体结果验证带电检测对放电源位置与放电类型的推断。

5.4.5 放电原因分析

电缆沟中潮气从开关柜底部侵入，由于 10 kV Ⅱ 母 PT 柜上方母线硬联桥架位置较高、水汽浓度较低，根据水汽从高浓度区域扩散到低浓度区域，同时更容易向高处通道扩散的烟囱效应，水汽将沿着如图 5-36 所示路径扩散，依次途径带电显示器、下静触头、上静触头、穿板套管后进入母线硬联桥架仓，通过桥架仓缝隙扩散至空气中。水汽在上升过程中，首先冷凝并附着在位于底部的带电显示器上，导致其三相受潮并放电，水汽浓度有所下降；继续上升并依次通过下静触头、上静触头，使得其三相均受潮，所处物理位置不同受潮程度不同，靠近桥架仓 A 相下触头受潮最为严重，A 相上触头次之，A 相铜质分支母排与铁质固定螺栓两种材质的联结面在水分、电场作用下形成电化学腐蚀，铜质分支母排产生铜绿，铁质紧固螺栓生锈，呈"树状"发展的铁锈、铜绿造成电场进一步畸变集中，通过绝缘已受潮的静触头盒表面对地"爬电"形成放电痕迹，畸变的电场进一步加剧接触面电化学腐蚀，形成恶性循环；最后剩余水汽集中通过穿板套管进入桥架仓，使穿板套管绝缘受潮，在绝缘材料与铜质母排接触部分形成放电灼伤及铜绿。

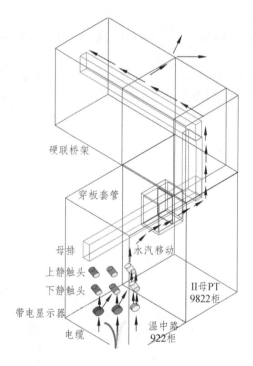

图 5-36 开关柜中水汽扩散路径示意图

5.4.6 结 论

通过带电检测手段（超声波、特高频）发现开关柜内部放电，通过幅值定位法确定放电源位置，通过放电脉冲波形特征确定放电类型。经停电解体验证放电的存在，并找出放电原因为：开关柜内受潮与积灰。

5.5 110 kV GIS 母线异常发热诊断分析

5.5.1 缺陷情况概述

2020 年 7 月，对某 220 kV 变电站开展红外测温工作时，发现 110 kV Ⅰ 母某段 GIS 封闭气室（163—167 间隔）整体发热缺陷，其热点位于 164 间隔附近，发热源温度场分布如图 5-37 所示，热源特征具有在罐体垂直方向呈上高下低、沿罐体水平方向两侧呈逐渐递减的规律，符合 GIS 内部热源热像特征，该发热部位最高温度为 38.5 ℃，正常部位温度为 36.5 ℃ 左右，温差约为 2 ℃，负荷电流为 687 A，测试仪器 Flir T610，辐射率 0.9，风速 0.0 m/s（室内）。

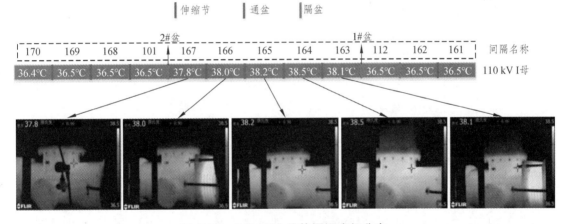

图 5-37 110 kV Ⅰ 母热源温度场分布

5.5.2 检测数据分析

5.5.2.1 红外热成像分析

2020 年 7 月至 9 月，技术人员先后 4 次对该处开展红外精确测温，GIS 罐体上的热场分布特征始终保持上高下低、沿两侧逐渐递减的规律，且热源位置 164 间隔处的最高温度与负荷电流的关系如图 5-38 所示。从图中可以看出，随着负荷电流增加或减小（610 A→687 A→900 A→620 A），热源与正常罐体之间的最大温差（1.4 ℃→2 ℃→5 ℃→1.7 ℃）随之增加或减小，表明该热源缺陷与负荷电流具有正相关性，为电流致热型缺陷，初步判断与主导体接触不良有关。

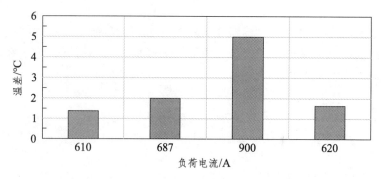

图 5-38　负荷电流与温差之间的关系

历次红外测试过程中，由于 164 间隔与 I 母之间的刀闸均处于分闸位置，因此推断该热源缺陷位于 164 间隔处的母线导体上，母线导体与触头之间可能存在电接触不良缺陷。

5.5.2.2　GIS 振动测试

对 GIS 热源罐体开展振动测试，首先在 163 与 167 间隔之间的 110 kV I 母罐体上进行振动测试，测点布置如图 5-39 所示。

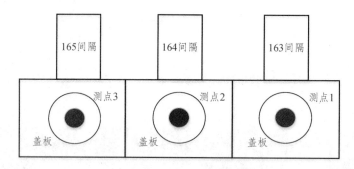

图 5-39　母线振动测点分布

母线振动检测结果如表 5-10 所示，从表中可以看出，测点 2（164 间隔）的 100 Hz 频率分量的加速度最大，为 10.55 mg（mg 为加速度单位，即 10^{-3} g），测点 2（164 间隔）附近振动信号最强，因此初步判断可能更靠近振动源点。

表 5-10　母线振动检测结果

检测部位	100 Hz 频率分量最大加速度/mg
测点 1（163 间隔）	3.44
测点 2（164 间隔）	10.55
测点 3（165 间隔）	3.95

在 164 间隔 I 母外壳的上部（沿母线方向）进行振动测试，测点布置如图 5-40 所示，检测结果如表 5-11 所示，从表中可以看出测点 2 附近振动加速度更大，异常振动点更靠近测点 2。

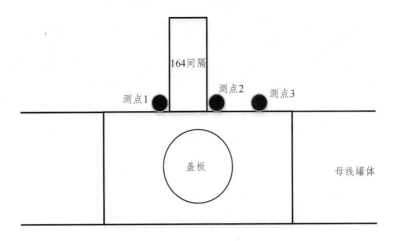

图 5-40 164 间隔 I 母上部（沿母线方向）振动测点分布

表 5-11 164 间隔 I 母上部（沿母线方向）振动检测结果

检测部位	100 Hz 频率分量最大加速度/mg
测点 1	10.59
测点 2	12.89
测点 3	5.54

在 164 间隔 I 母外壳的上部振动最大测点处圆周上进行测试，测点布置如图 5-41 所示，检测结果如表 5-12 所示。可以看出测点 4 振动加速度更大，异常振动点在测点 4 附近。结合 GIS 设备结构，异常振动最大区域靠近 I 母 GIS 内部 B 相导体电接触处。

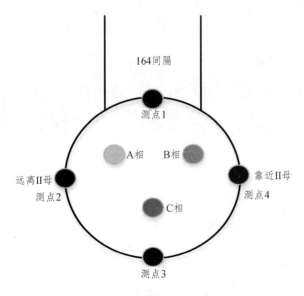

图 5-41 164 间隔 I 母沿圆周方向的振动测点分布

表 5-12　164 间隔 I 母圆周振动检测结果

检测部位	100 Hz 频率分量最大加速度/mg
测点 1	12.89
测点 2	9.10
测点 3	5.54
测点 4	15.37

5.5.2.3　局部放电检测

对该 220 kV 变电站 110 kV I 母全段开展特高频和超声波带电检测，测试结果如图 5-42、图 5-43 所示，其结果均未见异常。

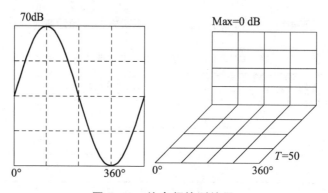

图 5-42　特高频检测结果

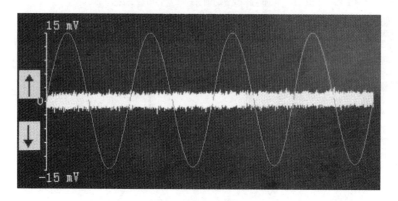

图 5-43　超声波检测结果

5.5.2.4　SF_6 气体检测

对该母线气室开展 SF_6 气体检测，SO_2 与 H_2S 气体含量均未超标，测试结果正常。

5.5.2.5　X 光透视检查

同时对该母线气室开展 X 光透视检查，亦未见异常。

5.5.2.6 回路电阻测试

母线回路电阻测试路径如图 5-44 所示，回路电阻测试起始、终止点为 30 接地刀闸外引接地连片。图中电阻 R_1、R_2、R_3 等电阻为母线触头与导电杆之间的等效接触电阻，电阻 R_{12}、R_{13}、R_{14} 等为隔离开关、接地刀闸以及分支母线与触头之间的总和等效电阻。回路电阻测试仪输出电流为 100 A 和 300 A，回路电阻测试结果如表 5-13 所示。

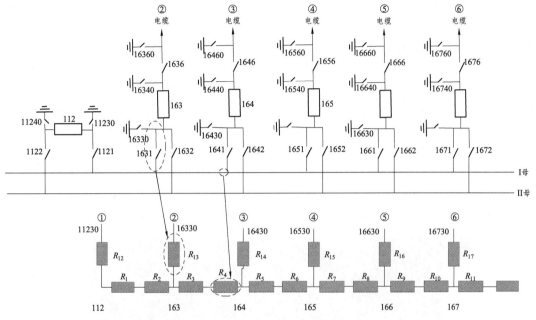

图 5-44 某站 110 kV I 母回路电阻测试路径图

表 5-13 热源区段回路电阻测试数据

序号	施加电流	测试路径		测试结果		
				A 相/μΩ	B 相/μΩ	C 相/μΩ
1		11230	16330	89.9	93.4	99.8
2		11230	16430	245.2	134.5	142.7
3		11230	16530	272.1	161.8	174.1
4		11230	16630	298.6	190.6	217.3
5		11230	16730	378.2	267.0	305.5
6	100 A	16330	16430	159.5	40.6	42.1
7		16330	16530	188.5	67.8	73.1
8		16330	16630	214.7	96.4	114.9
9		16330	16730	296.7	171.6	202.5
10		16430	16530	27.6	27.0	30.9
11		16430	16630	53.0	55.5	72.5
12		16430	16730	133.0	130.6	159.9
13	300 A	16330	16430	154.4	42.0	42.0

备注：（1）合上 1121、1631、1641、1651、1661、1671 隔离开关；
（2）合上 11230、16330、16430、16530、16630、16730 接地刀闸，并使接地刀闸外引连片与地脱开。

结合图 5-44 和表 5-13 可知，凡是经过 163-164 间隔母线段之间的回路电阻测试数据，A 相值均明显偏大约 110 μΩ，再结合红外图谱可知 164 间隔母线罐体温度最高，可推断电接触不良缺陷位置位于 164 间隔 A 相母线导体与触头连接处（靠近 163 侧），即图 5-44 中 R4 等效电阻偏大，且其值较正常相相同位置偏大 110 μΩ 左右。接触电阻偏大，导致其在电流作用下发热，热量传导至 GIS 罐体外表面，因此红外成像表现出附近位置温度偏高，且随电流增大而增大。

5.5.3　开罐解体检查

10 月 13 日，对该站 110 kV I 母发热区段开罐，检查发现 164 间隔下方（靠近 163 间隔）母线触头存在缺陷，如图 5-45 所示。正常的触头弹簧内凹槽壁光滑，但在缺陷位置，触头弹簧内凹槽壁存在许多硬质的黑色物质，造成该现象的可能原因如下：

（1）弹簧内凹槽壁需逐个打磨光滑，但缺陷位置凹槽壁在出厂时忽略打磨或打磨不彻底，导致弹簧和内凹槽壁不能良好匹配，存在点接触，在电流作用下点接触位置发热。

（2）触头弹簧位置处一般均涂有导电膏，缺陷位置的导电膏在热作用逐渐干燥老化，形成硬质黑色物质。

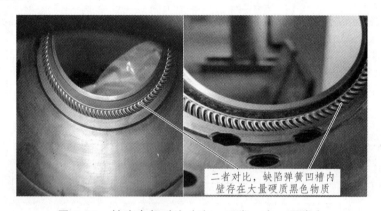

图 5-45　触头内部对比（左：正常，右：异常）

对该触头进行更换，再次测量回路电阻正常；同时，10 月 14 日和 11 月 1 日分别对该 GIS 罐体开展红外复测，无异常。

5.6　GIS 开关 CT 外壳异常发热分析与处理

5.6.1　异常概况

2020 年 05 月 09 日，在某 220 kV 变电站带电检测中，红外成像检测发现 220 kV 269 开关间隔 A 相开关 CT 外壳与 GIS 罐体连接处温度异常，如图 5-46 所示，连接处温度为 50.4 ℃，正常相对应点 B 相 27 ℃，C 相 27 ℃，温升为 23.4 ℃，环境参考体温度 23 ℃，相对温差 85.40%。CT 气室 SF$_6$ 压力正常，根据热成像图谱特征与缺陷部位及原因分析，诊断为严重缺陷。

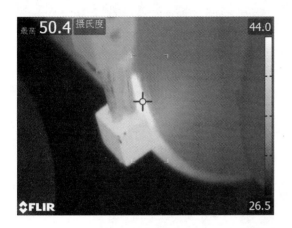

图 5-46　缺陷部位红外热成像图谱及可见光图片

图 5-47　罐体各接地处

同时，按照如图 5-47 所示位置用钳形电流表测量 269 开关间隔感应环流情况，测试地点分别设置为 CT 罐连接断路器处、CT 罐远离断路器处、CT 外壳抱箍连接处、断路器气室接地处，发现四处位置均有感应电流出现，如表 5-14 所示。

表 5-14　环流测试数据

测试位置	A 相	B 相	C 相
CT 罐连接断路器处接地	3.6 A	2 A	2.5 A
CT 罐远离断路器处接地	2.5 A	—	—
CT 外壳抱箍连接处	3.4 A	0.3 A	0.3 A
断路器气室接地处	39 A	22.8 A	20.6 A
备　注	电流测试与导线截面积有关，导线截面积越大，测试电流越大		

油化班组带电开展了 CT 气室 SF_6 微水、分解产物及纯度测试，数据无异常。

当日晚上 10 时左右，该间隔开关负荷降低到 360 A 左右，对同一位置开展红外复测，其温度为 34.4 ℃，如图 5-48 所示，发热点温度明显降低。

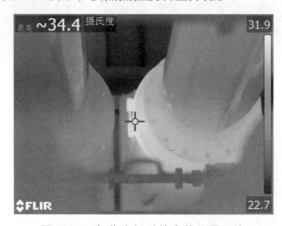

图 5-48　负荷降低后的发热位置温度

5.6.2　综合分析

根据《带电设备红外诊断应用规范》（DL/T 664—2016），电力设备发热通常是由于电流作用（电流致热型缺陷）或电压作用（电压致热型缺陷）导致，通常情况下，电流致热导致的温差较大，电压致热导致的温差较小。220 kV 269 开关间隔 A 相靠线路侧 CT 外壳与 GIS 罐体连接处发热较为严重，与同间隔 B、C 相同一位置绝对温度差大于 20 ℃，因此可能是电流作用导致的发热点发热；另一方面，该断路器 CT 为外置式 CT，CT 各绕组缠绕于 GIS 罐体上，发热点靠近 CT，无法判断是否由于 CT 故障导致的发热。因此根据现场检测情况，分析缺陷原因可能为：

（1）该间隔 CT 出现环流或绝缘受损；

（2）CT 外壳与 GIS 罐体接触不良。建议停电诊断处理。

5.6.3　停电处理

发现该缺陷后，由于无法排除 CT 缺陷或故障引起的发热，因此对该间隔安排紧急停电处理，试验班组连夜开展 220 kV 269 开关间隔断路器 CT 的诊断试验，试验项目包括 CT

二次直流电阻、励磁特性等，A、B、C 三相 CT 试验结果均合格，排除 CT 出现异常的可能；同时测试 269 开关回路电阻，亦无异常。

之后，检修班组对 CT 外壳抱箍（见图 5-47）进行紧固操作，紧固螺母向压紧方向旋转大约 2.5 圈，使 CT 外壳与 GIS 罐体接触良好。送电投运后，次日对 220 kV 269 开关间隔 A 相断路器 CT 罐体进行红外复测，发现 A 相断路器 CT 发热现象消失，设备恢复正常。

5.6.4　发热原因分析

根据厂家图纸可知该 CT 结构，如图 5-49 所示，该 CT 为外置式，CT 套于 GIS 罐体之外，CT 外壳再用抱箍紧固。设备正常运行时，GIS 罐体一端绝缘，另一端与 CT 外壳接触良好，感应电流通过 CT 外壳流入大地，如图 5-50 所示。

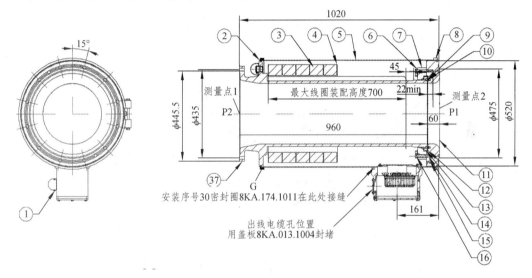

1—通风罩装配；2—密封条；3—电流互感器线圈；4—绝缘垫；5—外壳；6—垫圈；7—半法兰盘；
8—环箍；9—绝缘环；10—密封圈；11—法兰；12—绝缘环；13—绝缘环；
14—全纹螺栓；15—螺栓；16—螺母。

图 5-49　罐体结构示意图

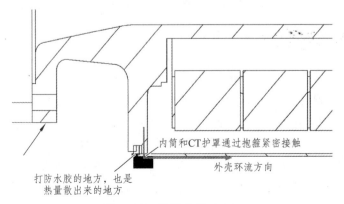

图 5-50　缺陷分析（1）

如果负荷升高导致 CT 外壳端部抱箍热胀冷缩（或其他原因导致抱箍抱紧力不足），抱箍松动使 CT 外壳与 GIS 罐体不再接触良好，外壳感应电流将从连接 CT 外壳与 GIS 罐体的抱箍螺栓处流走，如图 5-51 所示，电流流通路径（横截面积）过小，存在较大的接触电阻，因此在连接处产生发热。

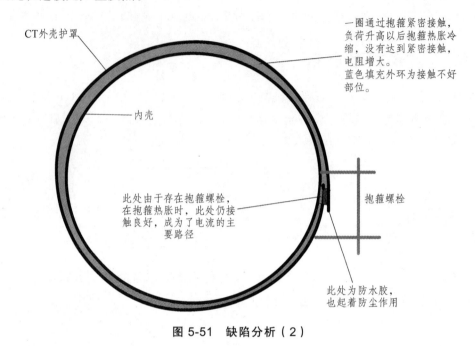

图 5-51　缺陷分析（2）

5.6.5　结　论

该罐体发热属于严重缺陷，负荷转移后对该间隔安排停电消缺，在收紧抱箍后开展红外复测，发热缺陷消除。

5.7　110 kV Ⅱ 母 PT 1282 刀闸气室超声波异常处理

5.7.1　异常概况

2018 年 07 月 10 日 11 时，在对某 110 kV 变电站 110 kV GIS 设备进行带电检测时，发现 110 kV Ⅱ 母 PT 间隔 1282、12820 三工位刀闸气室存在超声波异常信号，而构架背景信号正常、其他测点信号正常。

异常点超声波信号特征无规则的脉冲信号，无明显 50 Hz 或 100 Hz 相位相关性，脉冲幅值高，脉冲频率分布在 20 kHz 以上，可测得典型飞行图谱，具有自由金属颗粒放电的特征。经幅值定位，异常信号主要存在于 110 kV Ⅱ 母 PT 间隔 1282 刀闸下部位置，X 光检测和气体成分分析无异常。

5.7.2 检测过程

5.7.2.1 超声波检测（初测）

2018 年 07 月 10 日，温度 25 ℃，湿度 75%，小雨。对某 110 kV 变电站开展带电检测，在 110 kV Ⅱ 段母线 PT 间隔 GIS 设备进行超声波局放检测时，发现 110kV Ⅱ 段母线 PT 间隔 1282、12820 三工位刀闸气室超声波信号异常，背景选择 GIS 下部构架，幅值均在 5 mV 以下。如图 5-52 所示给出超声波最大幅值的测点位置，位于 110 kV Ⅱ 段母线 PT 间隔 1282、12820 三工位刀闸气室，该处为 Ⅱ 段母线 L 形转角处（测试仪器 PD208，放大倍数 60 dB），超声信号图谱如图 5-53 所示，该位置处测得超声信号幅值较大，超过 50 mV，频率相关性较弱，放电相位分散性大。调整测量幅值范围，测得的脉冲信号周期峰值在 140 mV 左右，进一步调整频带宽度，分别测量 10 ~ 20 kHz，20 ~ 50 kHz，50 ~ 100 kHz，100 ~ 200 kHz 的脉冲信号，除了 10 ~ 20 kHz 周期峰值为 20 mV 左右，其余峰值均在 100 mV 以上，说明信号主要位于较高频段，疑似放电信号概率更高。

图 5-52 超声波最大幅值位置

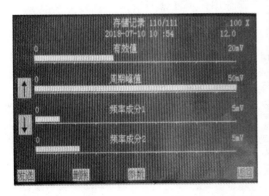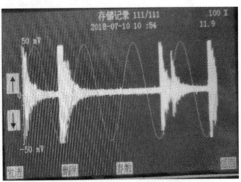

图 5-53 信号最大点超声波图谱

此外，采用恒锐智科 HR1300 仪器进行超声波测试，对幅值最大点进行测试，得到 PRPS 图谱，如图 5-54 所示，可以看到测得的超声波幅值极大（92.26 mV，背景幅值 3.981 mV），无明显相位相关性，疑似气室内存在自由颗粒放电信号。

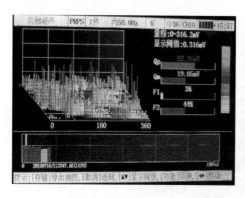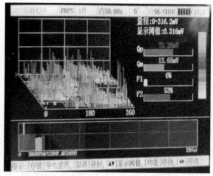

图 5-54　超声波图谱（恒锐智科）

5.7.2.2　超声波检测（复测）

2018 年 07 月 11 日（温度 23 ℃，湿度 80%，小雨），对初测发现超声波信号幅值最大的测点进行复测，测试图谱如图 5-55 所示（测试仪器 PD208，放大倍数 60 dB），可以发现复测信号幅值明显增大，接近 500 mV，远大于初测值 140 mV，说明信号有增大趋势。

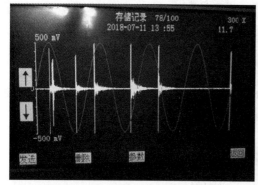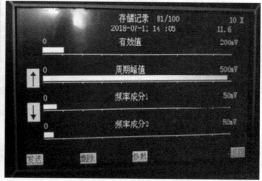

图 5-55　信号最大点超声波图谱（复测）

采用恒锐智科的 HR1300 进行测试，通过 GIS 接地连片进行同步后，测试图谱和初测时基本保持一致，但幅值明显增大，从初测试值 92.26 mV 增加到 199.53 mV，其中背景幅值为 3.981 mV，也进一步验证了信号的变大，如图 5-56 所示。

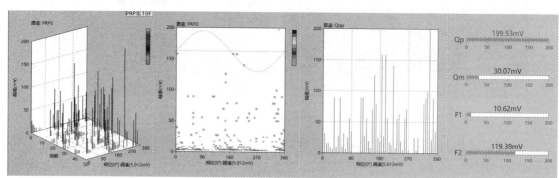

图 5-56　恒锐智科超声波图谱（复测）

此外，还采用华乘 T95 及示波器对该测点进行飞行图谱和时域波形的测试，如图 5-57 所示。可以看到，T95 测到该图谱呈现明显的"三角驼峰"形状，并且其示波器上的时域波形在工频周期内相位较分散，无明显相位聚集特性，放电幅值较大，进一步判断为自由颗粒放电信号，即该气室内部可能存在自由金属颗粒。

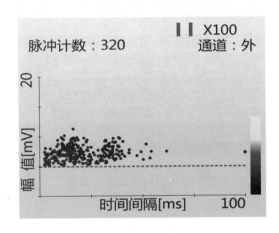

（a）累计飞行图谱

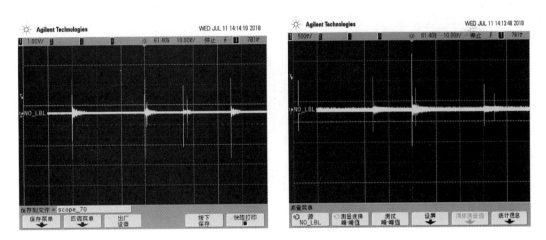

（b）超声信号最大点时域波形

图 5-57   缺陷类型分析

5.7.2.3   幅值定位

为了进一步确定信号的最大值位置，采用普测仪 PD208 对信号异常气室分别进行轴向方向定位和圆周方向定位，测点布置分别如图 5-58 和图 5-59 所示。通过轴向定位发现，沿着轴向方向信号最大值点位于测点 1，即初测时信号最大点处；然后在轴向方向信号最大处沿着该点所处的圆周进行定位（最顶部被挡住无法检测），发现在圆周方向上，0°位置（圆周方向气室最底部位置）的信号幅值最大，初步确定该超声信号的最大值位于该气室最底部测点 1 位置处。

图 5-58　轴向定位测点布置

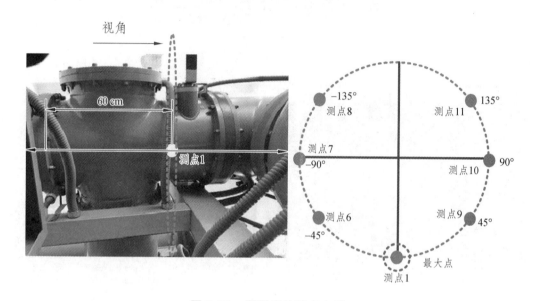

图 5-59　圆周定位测点布置

5.7.2.4　时差定位

为进一步提高幅值定位的准确性，接下来采用时差定位法进行验证：将示波器的一个超声波传感器（通道 1）持续贴在幅值定位超声最大点测点 1 处，然后不断移动另一个传感器（通道 2）位置，观察另一个通道 2 信号是否始终滞后于通道 1 信号。

测试时，通道 2 传感器在轴向和圆周方向的测点布置分别如图 5-60 和图 5-61 所示，得到的时差定位结果如表 5-15 所示（通道 1 信号为黄色，通道 2 信号为绿色）。可以看出通道 2 传感器在轴向或圆周方向移动时（除测点 2 外），异常信号达到通道 1 传感器的时间始终快于达到通道 2 传感器的时间，确定前述幅值定位点为最靠近放电源的位置。

表 5-15　时差定位结果

序　号	图　谱
测点 2—测点 1	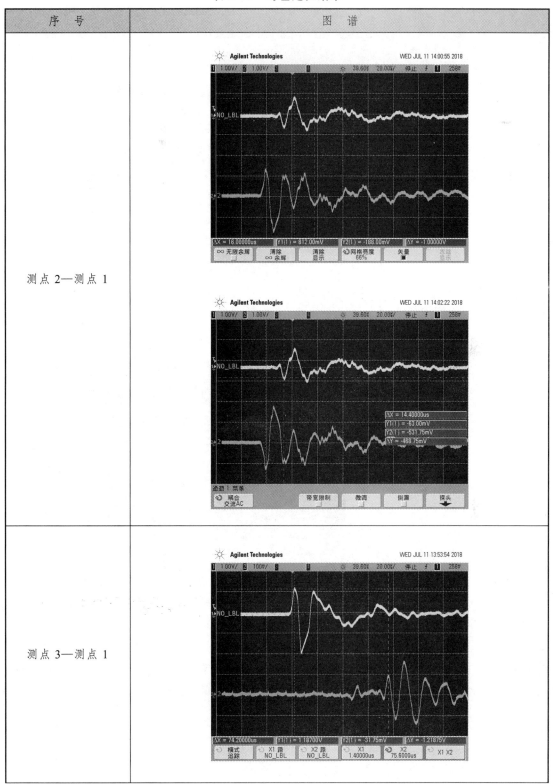
测点 3—测点 1	

续表

序　号	图　谱
测点 4—测点 1	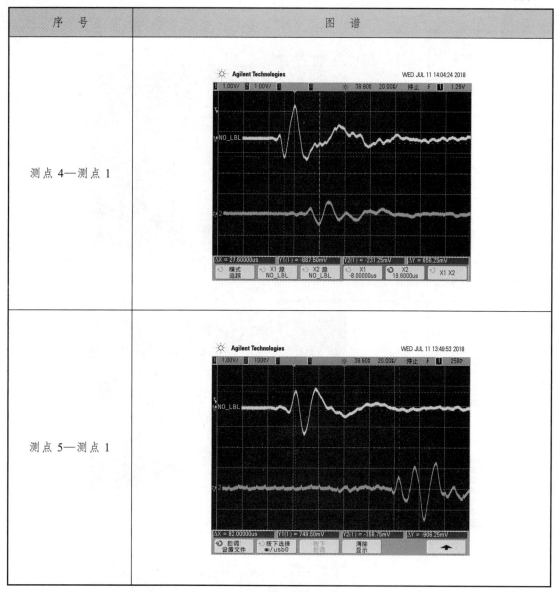
测点 5—测点 1	

此外，如表 5-16 所示，当通道 2 传感器位于测点 2 位置时，通道 1 和通道 2 信号出现交替领先的现象，初步分析原因为：此次放电类型疑似为自由颗粒放电，在电场作用下，自由颗粒在 GIS 气室随机跳动，导致其位置不断发生改变，从而使得放电信号达到两个传感器的时差不固定，但在测试过程中，颗粒位置移动较少，因此信号最大点变化不大，基本保持在测点 1 附近，如表 5-16 所示。

图 5-60　轴向定位测点布置

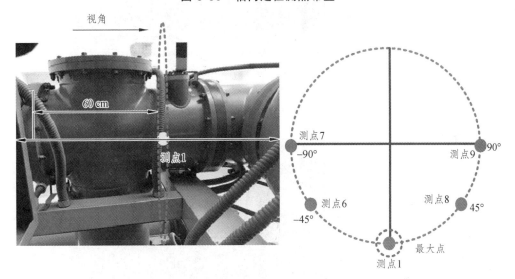

图 5-61　圆周方向定位测点布置

表 5-16　轴向方向时差分析

序　号	图　谱
测点 2—测点 1	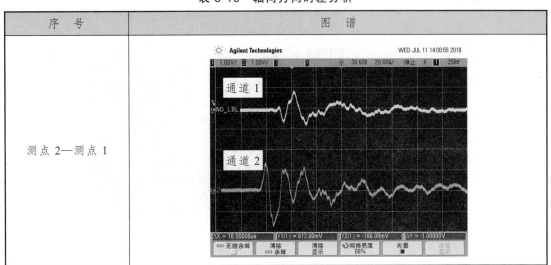

序　号	图　谱
测点 2—测点 1	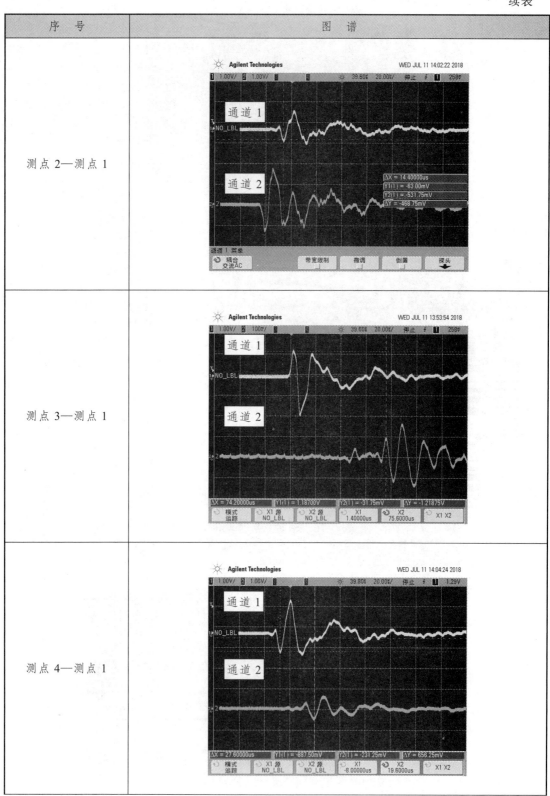
测点 3—测点 1	
测点 4—测点 1	

序　号	图　谱
测点 5—测点 1	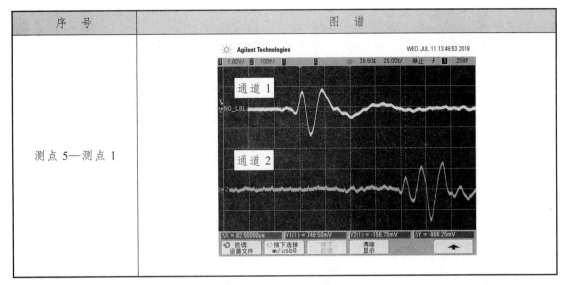

5.7.2.5　其他手段

X 光检测和气体成分检测均无异常。

5.7.2.6　拉开刀闸

2018 年 07 月 13 日晚，温度 18 ℃，湿度 75%，小雨。

1. 1282PT 刀闸断开前

在断开 1282PT 刀闸前，对该刀闸气室进行超声波信号复测，分别采用 PD208、恒锐智科 HR1300、华乘 T95 和华乘 G1500 进行超声波信号复测，其结果如图 5-62 所示，可以看到超声波信号依旧位于同一位置，信号幅值极大，PD208 测试值已达 1 500 mV，相比当日上午，增大约 3 倍，同时频率相关性较弱，为自由金属颗粒放电信号。

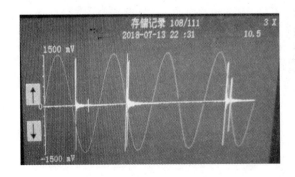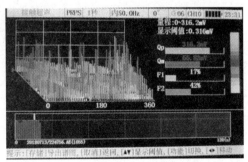

（a）PD208 和 HR1300 测试图谱

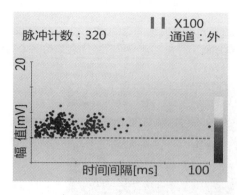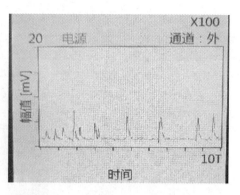

（b）T95 测试图谱

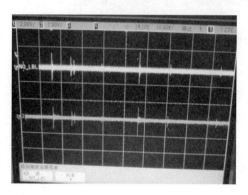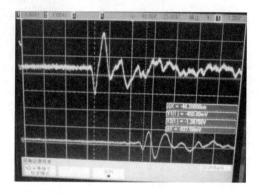

（c）G1500 示波器测试图谱

图 5-62　信号最大点超声波图谱

2．1282PT 刀闸断开后

断开 1282PT 刀闸后，对该气室进行重新测量，测量结果如图 5-63 所示，放电信号消失，缺陷得到扼制。

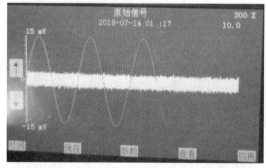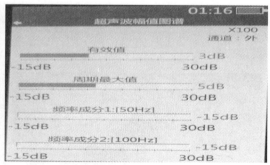

图 5-63　断开 1282 刀闸后超声波信号图谱

5.7.3　解体检修

2020 年 11 月 13 日至 14 日，在对该气室 SF₆ 气体抽真空处理后，开展 1282 刀闸气室开罐检修工作，与前期的判断一致，在打开 1282 刀闸气室后，发现罐体底部存留部分黑色固体颗粒，经现场分析判断，1282 刀闸气室在安装过程中清洁不到位，存在微小金属颗粒，长期运行后该金属颗粒导致放电。此外，刀闸静触头的均压罩上有黑色斑点，如图 5-64 所示。该均压罩安装工艺可能存在缺陷，清理罐体残留金属颗粒并更换均压罩，顺利送电。

图 5-64　开罐发现的缺陷照片

5.7.4　跟踪复测

2020 年 11 月 16 日，晴，温度 18 ℃，湿度 65%。对该站进行复测，原测得缺陷最大位置信号较微弱，现超声波信号异常最大位置位于 110 kV Ⅱ母 PT1282 刀闸气室 1282 刀闸靠 PT 侧导体根部和 12820 地刀交叉位置正下部，最大幅值约 30 mV，如图 5-65 所示。周围圆周范围内幅值逐渐减小，出现不规则脉冲信号，为自由颗粒放电缺陷特征。附近母线气室和 PT 气室、构架均无该异常信号，背景幅值为 3 mV。该气室还存在相对较弱放电缺陷，存在未处理到的微弱缺陷，后续可以加强跟踪检测，分析缺陷发展情况。

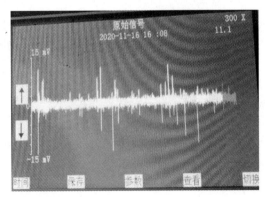

图 5-65　异常信号最大位置和幅值